JN236488

SPSSとAmosによる
心理・調査データ解析

因子分析・共分散構造分析まで

小塩真司 著

東京図書

◆本書では，SPSS for Windows 12.0J，Amos 5.0 を使用している．

これらの製品に関する問い合わせ先：
〒150-0012　東京都渋谷区広尾 1-1-39　恵比寿プライムスクエアタワー10F
エス・ピー・エス・エス株式会社
Tel.03-5466-5511　Fax.03-5466-5621
URL http://www.spss.co.jp

第 4 章 p.67，p.81 では，Advanced Models オプションが，
第 11 章では，Categories オプションが必要になります．

YG 性格検査®は，日本心理テスト研究所株式会社の登録商標です．

◆統計記号などの表記法は，各学会で定められた表記によって若干異なる点があります．日本語で心理学の論文やレポートを作成する際には，日本心理学会（http://wwwsoc.nii.ac.jp/jpa/）による『執筆・投稿の手びき』を，英語で作成する際にはアメリカ心理学会による"Publication Manual of the American Psychological Association"（江藤裕之氏らによる邦訳『APA 論文作成マニュアル』も出版されている）を参照することをお勧めします．また，Excel を使っての SPSS 出力テーブル（表）を論文掲載用に加工する方法については，この本の姉妹書『研究事例で学ぶ SPSS と Amos による心理・調査データ解析』の第 7 章に詳しい手順が紹介されています．

◎この本で扱っているデータは，東京図書 Web サイト（http://www.tokyo-tosho.co.jp）のこの本の紹介ページから，SPSS データ形式（*.sav）でダウンロードすることができます．

R〈日本複写権センター委託出版物〉

本書の全部または一部を無断で複写複製（コピー）することは，著作権法上での例外を除き，禁じられています．本書からの複写を希望される場合は，日本複写権センター（03-3401-2382）にご連絡ください．

まえがき

　本書は，私が担当する「心理データ解析」という授業での内容をもとに，書き下ろしたものである．私の所属は「心理学科」であり，いわゆる「文系」の学生が多く集まってくる．ところが心理学の多くの領域では，実験や調査を行い，統計的なデータ処理を行うことが不可欠となっている．心理学科に入学してきた学生は，一般の「文系」というイメージから離れた，実験実習や統計学・データ解析といった授業に少し戸惑うこともあるようである．また心理学は，生物学や工学に隣接する理系的な領域から，教育学や社会学に隣接する文系的な領域まで非常に幅広い学問である．理系的な領域では，主に実験を行って仮説を検証するという研究スタイルがとられることが多く，分散分析という統計技法が用いられることが多い．その一方で文系的な領域では，主に調査的な手法を用いて大量にデータを集め，因子分析や共分散構造分析といった多変量解析という統計技法を用いて，やや探索的に結果を導いていくことが多い．

　このように心理学では，社会心理学や青年心理学といった，どちらかというと文系的なイメージの強い領域であっても，多変量解析という複雑な統計処理が必要とされるのである．ただでさえ数学が苦手だという学生にとって，文系的なテーマを選択しても複雑な統計技法から逃れることができないというのは，皮肉なものだと思うことがある．本書はそのような，「統計にはあまりなじみがないが，多変量解析までできるようにしたい」というユーザが，SPSS でデータを入力するところから因子分析や Amos による共分散構造分析まで，「とりあえずひととおり」解析できるようになることを目指したものである．

現在ではSPSSやAmosという非常に使いやすい統計パッケージが市販されており，誰でも気軽に統計処理を行うことができる．しかし，SPSSも万能ではない．もし統計処理の手順が誤っていたとしても，SPSSはそれを指摘してくるわけではない．また，たとえもっともらしい結果が出力されていたとしても，そもそもその統計技法を用いるのが適切ではなかった，ということもある．統計を学び始めたばかりのユーザにとって，「どの統計技法を使えばよいのか」，そして「この統計技法を行う上で注意すべきことは何か」を知ることは重要だろう．そこで本書では，SPSSの使用手順を羅列するだけではなく，まず最低限の基礎知識を学ぶ（あるいは復習する）ところから始め，それぞれの技法に必要とされる基礎知識や注意すべきポイントを，できるだけ盛り込むようにした．

　またデータ解析というのは，何か1つの技法だけで完結するものではない．たとえば，平均値や標準偏差をチェックした後で因子分析を行い，α係数を見ながら尺度を構成し，尺度間の相関係数を算出し，さらに重回帰分析・共分散構造分析，時にクラスタ分析や分散分析を行うなど，統計技法の「合わせ技」で1本の論文やレポートの形になっていくものである．したがって，1つ1つの統計技法は別個のものではなく，関連するものだという認識を持つことが大切だろう．

　私自身の経験から言えば，統計技法のみならず統計的な知識を身につけるためには，実際にデータを分析してみるのが一番の近道である．自分自身でデータを収集するところから始めることができれば，さらにいろいろなことが実感できる．心理学を専攻する学生にとっては，論文に出てくる統計技法を理解するためにも，一度は自分でその技法を経験してみるのがよいだろう．また現在では，心理学以外のさまざまな領域でもデータ解析の能力が求められている．そのような多くの人々に，本書を手に取ってもらえれば幸いである．

2004年2月

小塩真司

目次

まえがき　iii

第1章　データ解析の基本事項
データの形式，入力と代表値　1

Section 1　覚えておきたい基礎知識　2
- 1-1　尺度水準　2
- 1-2　質的データと量的データ　3
- 1-3　離散変量と連続変量　4
- 1-4　独立変数と従属変数　5

Section 2　統計的検定　6
- 2-1　統計的に有意　6
- 2-2　有意水準は「危険率」ともいう　8

Section 3　データの入力　10
- 3-1　SPSSの起動　10
- Column ◇ Excelデータ等のSPSSへの読み込み方法　12
- 3-2　変数の設定　13
- 3-3　データの入力　17
- 3-4　合計得点を出す　18
- 3-5　分布を見る　19
- 3-6　代表値と散布度　21

第1章　演習問題　24

第2章　相関と相関係数
データの関連を見る　25

Section 1　関連を示す方法　26
- 1-1　クロス表（分割表）　26
- 1-2　散布図　27
- 1-3　相関と相関係数　28
- 1-4　相関係数の種類　30
- 1-5　相関係数を用いる際の注意点　30

Section 2　相関係数の算出　33
- 2-1　ピアソンの積率相関係数の算出　33
- 2-2　順位相関係数の算出　34
- 2-3　偏相関係数の算出　35
- 2-4　カテゴリー別に相関係数を算出する　36
- 2-5　上位群だけの相関を求める　37

第2章　演習問題　39

第3章　χ^2検定・t検定
2変数の相違を見る　41

Section 1　相違を調べる方法　42
- 1-1　相違に関連する，いろいろな検定方法　42
- 1-2　検定方法の選び方　43

Section 2　χ^2検定　45

2-1	1変量の χ^2 検定	45
2-2	2変量の χ^2 検定	47

Section 3　t 検定 ……………… 49
3-1	t 検定の種類	49
3-2	t 検定を行う際には	50
3-3	対応のない t 検定	50
3-4	対応のある t 検定	53

第3章　演習問題　　　　　　55

第4章　分散分析
3変数以上の相違の検討　57

Section 1　分散分析とは ……………… 58
1-1	要因配置	58
1-2	分散分析のデザイン	59
1-3	多重比較	62

Section 2　1要因の分散分析 ……… 63
2-1	1要因の分散分析 （被験者間計画）	63
2-2	1要因の分散分析 （被験者内計画）	66

Section 3　2要因の分散分析（1）… 70
3-1	主効果と交互作用	70
3-2	2要因の分散分析の実行	72
3-3	交互作用の分析 （単純主効果の検定）	75

Section 4　2要因の分散分析（2）… 80
4-1	2要因の分散分析 （混合計画）	80
4-2	3要因の分散分析	85

第4章　演習問題　　　　　　87

第5章　重回帰分析
連続多変量の因果関係　89

Section 1　多変量解析とは ………… 90
1-1	どのような手法があるのか	90
1-2	予測・整理のパターン	91
1-3	多変量解析を用いる際の 注意点	93

Section 2　重回帰分析 ……………… 94
2-1	重回帰分析のまえに： 単回帰分析	94
2-2	重回帰分析とは	95
2-3	高校入試の要因を見る・ その1	95
2-4	高校入試の要因を見る・ その2	99
2-5	重回帰分析を行う際の 注意点	101

第5章　演習問題　　　　　　103

第6章　因子分析
潜在因子からの影響を探る　105

Section 1　因子分析の考え方 ……… 106
1-1	因子分析とは	106

1-2　共通因子と独自因子　　106

Section 2　直交回転　……………108
　　　2-1　因子分析の実行
　　　　　（バリマックス回転）　109
　　　2-2　出力結果の読みとり　　111

Section 3　斜交回転　……………117
　　　3-1　因子分析の実行
　　　　　（プロマックス回転）　119
　　　3-2　出力結果の読みとり　　119

　　第6章　演習問題　　　　　　　125

Section 3　尺度の信頼性の検討　……143
　　　3-1　α係数　　　　　　　　143
　　　3-2　下位尺度得点　　　　　148
　　　3-3　数値で被調査者を分類する　149

Section 4　主成分分析　…………151
　　　4-1　主成分分析の目的　　　151
　　　4-2　どんな時に主成分分析を
　　　　　使うか　　　　　　　　152
　　　4-3　主成分分析の分析例　　153

　　第7章　演習問題　　　　　　　156

第7章　因子分析を使いこなす
尺度作成と信頼性の検討　　127

Section 1　尺度作成のポイント　……128
　　　1-1　因子分析は何度も行う　128
　　　1-2　尺度を作成する　　　　128
　　　1-3　尺度作成の際の因子分析の
　　　　　手順　　　　　　　　　129

Section 2　尺度作成の実際　………132
　　　2-1　携帯電話反応行動尺度の
　　　　　尺度作成　　　　　　　132
　　　2-2　因子分析の前に　　　　135
　　　2-3　初回の因子分析
　　　　　（因子数の決定）　　　136
　　　2-4　2回目の因子分析
　　　　　（項目の選定）　　　　138
　　　2-5　3回目の因子分析　　　140
　　　2-6　因子を解釈する　　　　142

第8章　共分散構造分析
パス図の流れをつかむ　　159

Section 1　パス解析とは　………160
　　　1-1　パス図を描く　　　　　160
　　　1-2　パス図の例　　　　　　162
　　　1-3　測定方程式と構造方程式　163
　　　1-4　共分散構造分析　　　　165

Section 2　共分散構造分析（1）　……166
　　　2-1　測定変数を用いたパス解析
　　　　　（分析例1）　　　　　　166
　　　2-2　SPSSにデータを入力する　167
　　　2-3　Amosを起動する　　　　168

Section 3　共分散構造分析（2）　……175
　　　3-1　潜在変数間の因果関係
　　　　　（分析例2）　　　　　　175
　　　3-2　Amosによる分析　　　　177

Section 4　共分散構造分析（3）　‥‥184
- 4-1　双方向の因果関係（分析例3）　184
- 4-2　Amos による分析　187

第 8 章　演習問題　190

第9章　共分散構造分析を使いこなす
多母集団の同時解析とさまざまなパス図　191

Section 1　相違を調べる方法　‥‥‥‥192
- 1-1　自尊感情のモデル例　192
- 1-2　相関関係をみる　193
- 1-3　Amos による分析　194

Section 2　さまざまな分析のパス図　‥‥199
- 2-1　相関　199
- 2-2　偏相関　199
- 2-3　重回帰分析　200
- 2-4　多変量回帰分析　201
- 2-5　階層的重回帰分析　202
- 2-6　主成分分析　203
- 2-7　探索的因子分析（直交回転）　204
- 2-8　探索的因子分析（斜交回転）　205
- 2-9　確認的因子分析（斜交回転）　206
- 2-10　高次因子分析　207
- 2-11　潜在変数間の因果関係　208

第 9 章　演習問題　209

第10章　クラスタ分析と判別分析
分類と判別の方法　211

Section 1　クラスタ分析‥‥‥‥‥‥‥212
- 1-1　クラスタ分析とは　212
- 1-2　1つの指標による分類　213
- 1-3　2つの指標による分類　216

Section 2　判別分析‥‥‥‥‥‥‥‥‥220
- 2-1　判別分析とは　220
- 2-2　高校生のケイタイ所有調査　222

第 10 章　演習問題　225

第11章　コレスポンデンス分析
質的データの関連を図式化する　227

Section 1　コレスポンデンス分析‥‥‥228
- 1-1　コレスポンデンス分析とは　228
- 1-2　大学生の講義への意識調査　228

Section 2　等質性（多重コレスポンデンス）分析‥‥‥‥‥‥‥‥232
- 2-1　大学生の酒とタバコと交通事故の関連性　232

第 11 章　演習問題　236

あとがき・参考文献　238
事項索引　240
SPSS 操作設定項目索引　244
Amos 操作設定項目索引　247

第1章
データ解析の基本事項

データの形式，入力と代表値

Section 1 覚えておきたい基礎知識

1-1 尺度水準

統計学では，測定対象のもつ特徴に対応した**尺度**が設定されている．

名義尺度＜順序尺度＜間隔尺度＜比率尺度，の順で情報量が大きくなり，より「水準の高い尺度」と呼ばれる．高い水準の尺度で定義された測定値を低い水準の尺度上の値に変換することは可能であるが，その逆はできない．

尺度水準によって，可能となる統計処理が異なるので，注意が必要である．

尺度の水準	特徴	イメージ	例
名義尺度	単なるレッテルや記号として用いる．同一のものや同種のものに同じ記号を割り当てる．	A B C （質的な差異）	電話番号 背番号 血液型 など
順序尺度	測定値間の大小関係のみを表す．大小や高低などの順位関係は明らかだが，その「差異」は表現しない．	A＜B＜C （順位のみ）	成績の順位 など
間隔尺度	順位の概念の他に，「値の間隔」という概念が加わる．大小関係だけでなく，その差や和にも意味がある．	A＜B＜C （順位＆等間隔）	温度（摂氏・華氏）知能指数 テストの得点 など
比率尺度（比例尺度）	原点0（ゼロ）が一義的に決まっている．測定値間の倍数関係（比）を問題にすることが可能．間隔尺度に原点を加えたもの．	0＜A＜B＜C （順序＆等間隔＆原点）	長さ 重さ 絶対温度 など

★間隔尺度・比率尺度はSPSSでは**スケール**というタイプで設定するので，通常は区別しなくともよい．

1-2 質的データと量的データ

データとは，あるテーマや仮説を調べようとする際に，ある設定に基づいて組織的に集められたテーマに関する情報のことであり，目的や仮説に応じて設定し，収集されたものである．

質的データ（定性データ）	量的データ（定量データ）
・対象の属性の性質や内容を示す ・数量という概念がない ・数量的に表現しにくい，また表現しても意味がない ・名義尺度や順序尺度から得られる	・対象の属性を数量によって示す ・ある種の基準を設定して，属性の特徴を計量できるものにして表現する ・数字で表現できない現象や，データとして収集することが不可能な場合がある ・間隔尺度や比率尺度から得られる

質的データと量的データでは，使用可能な統計処理の方法が異なってくる．

また量的データは，数量的な情報がないものとみなせば，質的データの統計処理方法を用いることができる．しかし，質的データを量的データの統計処理方法によって分析を行うことはできない．

「数字を使うかどうか」と，質的データであるか量的データであるかは関係がない．たとえば，男性を 1，女性を 2 という数字で表したとしても，$1+2=3$ という数式が意味を持つわけではない．

1-3 離散変量と連続変量

データ解析では，多くを「数字」で表現する．このような数値や数量データには，**離散変量**と**連続変量**と呼ばれるものがある．

> **離散変量**……それ以上細かく分割できない，飛び飛びの値をとるデータ．
> **連続変量**……本質的に連続した数値をとるデータ．

離散変量の例は，**人数**や**回数**などである．10人の次は11人，3回の次は4回と，飛び飛びの値をとる．10.23人や3.87回といった数値は本来存在しないはずであるが，平均値を算出した時などに便宜的に用いられる．

連続変量の例は，**長さ**や**重さ**，**時間**などである．これらは数値が連続しており，測定方法を精密にすれば，いくらでも細かく数値を読みとることができる．たとえば，身体測定で身長が163.5cmだったとしたときに，より精密な身長計を用いれば，163.512823…cmと，いくらでも細かく測っていくことができる．しかし実際には，ものさしや時計の目盛りをみてもわかるように，連続変量もある一定の基準で飛び飛びの値として表現される．

1-4 独立変数と従属変数

　データは，研究のテーマや目的を明確にし，関連する「仮説」を設定すること，そして仮説を明らかにするために必要な「変数」を設定して仮説を検証していくことと密接に関連する．

　変数とは，一定の範囲内で任意の値をとる数字や記号を意味し，それぞれ測定対象ごとに異なる属性を示すものである．

　一般的に，説明する方の変数を**独立変数**，説明される方の変数を**従属変数**とよぶ．言い換えると，原因となる条件が「独立変数」，結果としての事柄が「従属変数」である．

　ただし，この関係は相対的なものであり，1つの変数が，ある変数に対しては独立変数となり，他の変数に対しては従属変数となることもある．

　どの変数が独立変数になり，どの変数が従属変数になるかは仮説の設定の仕方やその背景にある理論による．

原因	結果	主な用途
独立変数	従属変数	・**実験計画**などで用いられる． ・独立変数を操作して，従属変数の測定をする． ・統制変数★を設定することがある．
説明変数 あるいは 予測変数	基準変数 あるいは 目的変数	・**多変量解析**などで用いられる． ・外的基準（予測の判別の対象となる基準）の有無によって，使用可能な多変量解析の方法が異なる．

（岩淵[4]，1997より）

★統制変数：独立変数として操作する以外の要因を一定のものとするために統制する変数のこと．実験群と統制群を設定するなどの手法が用いられる．

Section 2 統計的検定

2-1 統計的に有意

　多くの場合，データは母集団から抽出した**標本**（サンプル）から得られるものである．たとえば，国勢調査のように「日本人全体」（母集団）から集めることが困難な場合，日本人の「一部」（標本）からデータを収集する．

　標本は**母集団**からランダムに集められるのが原則である．これを**ランダムサンプリング**という．ただし，どのようなサンプリングを行っても，標本を完全にランダムに集めることはまずできないと考えてよい．

　研究において立てられる仮説は，「人間は……という傾向がある」「日本人は……であろう」「高校生は……であろう」といったものであり，「人間全体」「日本人全体」「高校生全体」に対して立てられる．しかし，実際に集めるデータは「人間の一部」「日本人の一部」「高校生の一部」にすぎない．

　統計的検定とは，「標本」から得られたデータの特徴が，「母集団」にも当てはまるものであるかどうかを確率的に判定するものである．そして最終的な判断は，**有意水準**というものを設定して判断する．

　有意水準とは，偶然生じたにしてはあまりにも起こりにくいことが起きたので，「これは偶然生じたのではない」と判定するための基準のことである．

- 「偶然生じたものだ」という仮説のことを**帰無仮説**という.
- 帰無仮説と反対の仮説（偶然生じたのではない）を**対立仮説**という.
- **有意水準**は通常，0.05（5％水準），0.01（1％水準），0.001（0.1％水準）という基準を用いる.
- 0.10（10％）水準を「有意傾向」と記述することもあるが，基本的にそのような記述は避けたほうがよい.
- 有意ではない場合，*n.s.*（nonsignificantの略）という表現を用いることがある.

　本来の予想は対立仮説で表現され，その否定である帰無仮説が「起こりえない」ことであるかどうか，有意水準をもとに判断する.

　つまり，帰無仮説に従うと100回中5回以下しか生じない事象が実際に起きたことになるから，これは偶然生じたのではない（帰無仮説に無理がある）と判断しよう，と考えるのである．このことを，**帰無仮説を棄却する**という.

　これらのことを図で表すと右のようになる．

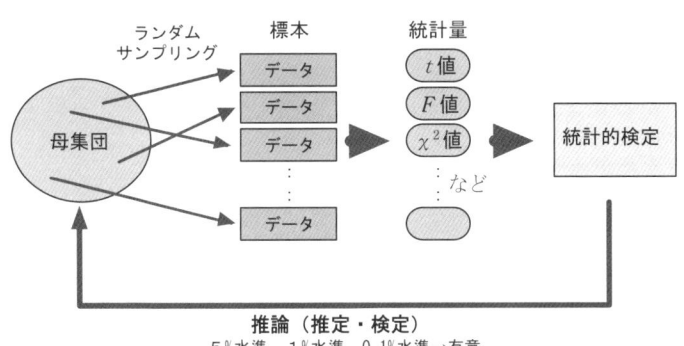

2-2 ● 有意水準は「危険率」ともいう

5％水準で帰無仮説を棄却し，「有意である」と結論したということは，言い換えるとその結論が本当は誤りである確率が5％以内で起こりうるということでもある．このようなことから，有意水準を**危険率**ともいう．

帰無仮説が本当は正しいにもかかわらず，帰無仮説を棄却してしまうことを，**第1種の誤り**（第1種の過誤）という．

> 例：日本人（母集団）全体では，男性と女性で得点差が「ない」（つまり帰無仮説が正しい）にもかかわらず，標本から得られたデータでは「差がある」（帰無仮説を棄却する）と結論してしまうこと．

帰無仮説が本当は誤っているにもかかわらず，帰無仮説を正しいと採択してしまうことを，**第2種の誤り**（第2種の過誤）という．

> 例：日本人（母集団）全体では，男性と女性で得点差が「ある」（つまり帰無仮説が誤っている）にもかかわらず，標本から得られたデータでは「差がない」（帰無仮説を採択する）と結論してしまうこと．

<統計的検定がおかす誤りのタイプ>

		帰無仮説が本当は	
		正しいとき	誤りのとき
帰無仮説を	棄却した	第1種の誤り α 有意水準 危険率	正しい決定 $1-\beta$
	採択した	正しい決定 $1-\alpha$	第2種の誤り β

（服部・海保[3]，1996から）

この表で，「本来の帰無仮説の正誤」は知ることはできない．

たとえば，「男女で得点が異なるのではないか」という仮説を立てて検定を行い，5％水準で有意であったとする．

> 1. 「母集団で得点が異なるかどうか」は，誰にもわからない．
> 2. 検定を行う際に立てられる「帰無仮説」は，「男女で差はない」というもの．
> 3. 検定の結果が「5％で有意」ということは，「帰無仮説が支持される確率は5％以下しかない」ということ．したがって，対立仮説である「男女で差がある」が採択される．

なおこの結果は，「5％程度は第1種の誤りである可能性がある」ということも意味する．

またたとえば，「男女で得点が異なるのではないか」という仮説を立てて検定を行ったが，有意ではなかったとする．

> 1. 「母集団で得点が異なるかどうか」は，誰にもわからない．
> 2. 検定を行う際に立てられる「帰無仮説」は，「男女で差はない」というもの．
> 3. 検定の結果が「有意ではない」ということは，「帰無仮説が支持される確率が5％以上ある」ということ．

このような場合，「この結果から帰無仮説を棄却することはできなかった」すなわち「男女で差があるとはいえなかった」という控えめな表現をするのが一般的である．

> **注意**：そもそも研究において，「AとBには差がないであろう」という(帰無)仮説を立てて検定することは非常に難しい（「AとBには差がないであろうが，AとCには差があるだろう」という仮説を立てることはある）．

Section 3 データの入力

3-1 ● SPSS の起動

　SPSSを起動してみよう．次のようなウインドウが出たら，キャンセル をクリックするか，画面右上の×をクリックする．

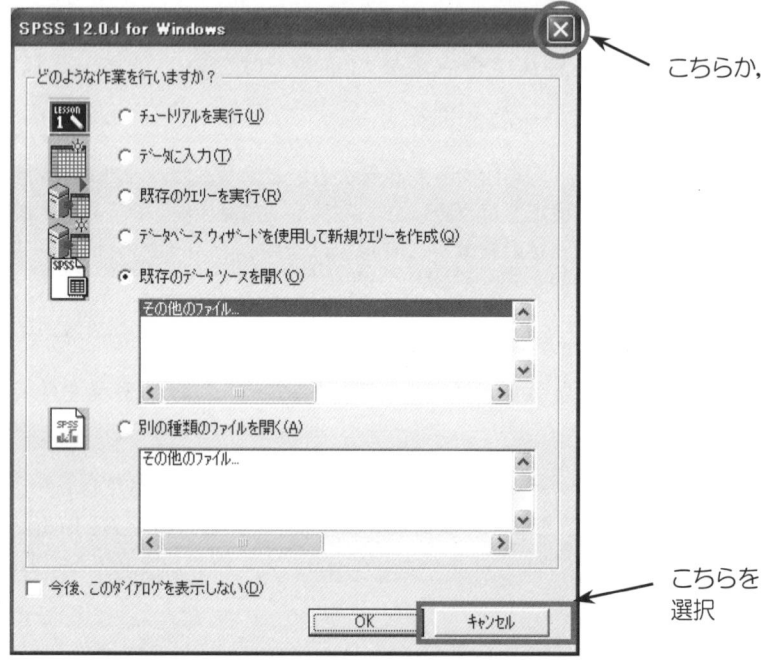

　すると，Excelのような画面が表示される．これがSPSSのワークシートであり，**データエディタ**と呼ばれる．データエディタは，データ値を入力・編集する画面のことである．

SPSSのワークシートには，左下に**データビュー**と**変数ビュー**という文字の書かれた2種類のワークシートがある．これらの文字をクリックすると，2種類のワークシートを切り替えることができる．

これが**データビュー**である．

変数ビューの文字をクリックすると，このような画面になる．

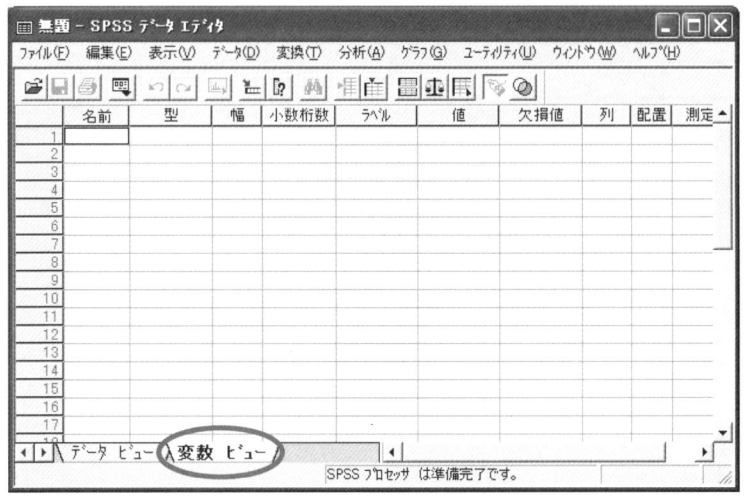

■**ExcelデータなどのSPSSへの読み込み方法**

SPSSでは，Excelなどに入力したデータを読み込むこともできる．

- SPSSを起動する．
- データエディタ上で，[ファイル(F)]メニュー ⇒ [開く(O)] ⇒ [データ(A)]
  または，[ファイル(F)]メニュー ⇒ [テキストデータの読み込み(R)]を選択．
- **ファイルの種類(T):**を[Excel(*.xls)]に指定する．

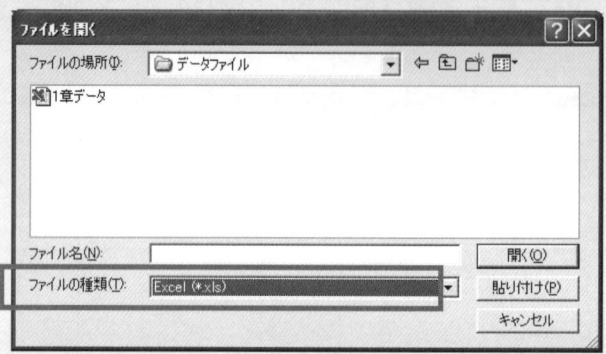

- 対象となるファイルを選択して 開く(O) を押す．
- [Excel データソースを開く]というウィンドウが表示される．
  ➢ Excel の1列目に変数名が入力されている場合には，[**データの最初の行から変数名を読み込む**]にチェックが入っていることを確認する．

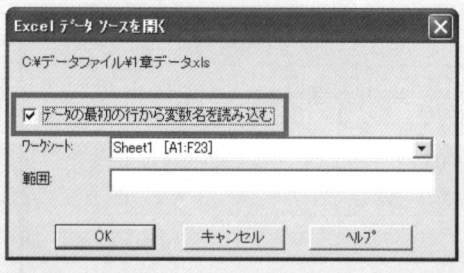

STEP UP: 12.0J では，長い変数名のときは，Excel での入力で，たとえば，
　SE1_私は自分に満足している
としておくと，半角アンダーバーの前の SE1 だけが変数名に，全体が「**ラベル**」に読み込まれる．ただし，この仕様は 13.0J 以降ではなくなったようだ．

- OK をクリック．
- 変数名とデータがともに SPSS に読み込まれる．変数名の文字数が多い場合には，「**ラベル**」として指定される．

では，実際にデータを入力してみよう．

3-2 ● 変数の設定

SPSSでは，最初に**変数ビュー**を使って変数の名前をつけたり，変数の内容を指定する．その後で**データビュー**を使ってデータの数値を入力する．

3.2.1　変数に名前をつける

ワークシート左下の**変数ビュー**をクリックする．

左から，[名前][型][幅][小数桁数][ラベル][値][欠損値][列][配列][測定]となっている．まず，1番目の変数の[名前]という文字の下のセルをクリックし，**学生名**と入力しよう．

同じ要領で，2番目の変数名を**性別**，3番目を**順位**，以下，**国語**，**数学**，**英語**と入力する．今回はこの6つの変数を使用する．

SPSS12.0Jでは，変数名に関して以下の規則がある．（★印は12.0Jで対応したもの）

- 半角英数の場合は64文字以内，漢字など全角文字は32文字以内★
- 変数名は漢字，ひらがな，カタカナ，アルファベットなどで始める
- 数字や記号で始めることはできない　（例）○ item3　× 3item
- 空白，ピリオドをつけてはいけない
- !, ?, *などの特殊文字を使うことはできない
- 複数の変数に同じ名前をつけてはいけない
- 大文字と小文字の組み合わせが可能★

> 11.5J以前では，半角8文字(全角4文字) 以内で，アルファベットの大文字と小文字の区別はできない

3.2.2 変数の「型」を指定する

［変数ビュー］エディタの最初の変数：学生名の行の右側，［型］の下をクリックする．「数値」という文字の左側に現れる … をクリックすると，［変数の型］という画面が表示される．

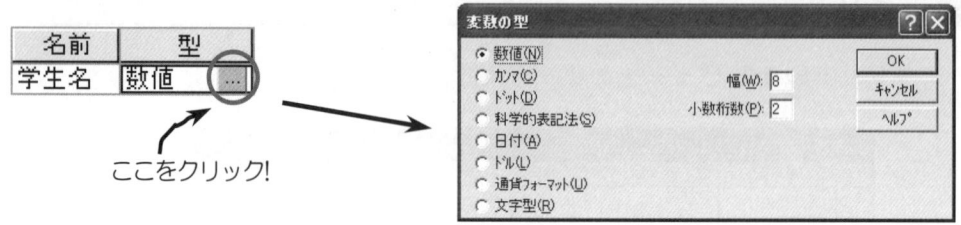

変数が学生の名前なら，**文字型(R)** を選択して ＯＫ をクリック．今回の場合，他のデータはすべて**数値**を入力するので，変数の型を指定するのは**学生名**だけでよい．

数値(N) をクリックすると，**幅(W)：** と **小数桁数(P)：** という入力部分が表示される．データに小数以下の数値が入っていない場合は，**小数桁数**を0にしてもかまわない（もちろんデフォルトの設定のままでもかまわない）．**幅**とは，入力するデータの数値の幅を意味する．たとえば，123.4という数値の「幅」は，整数部分＋小数点＋小数部分の桁数＝5となる．SPSSでは，入力できるデータ値の最大幅は40，最大小数桁数は16になっている．

3.2.3 変数にラベルをつける

変数の**ラベル**とは，それぞれの変数につける説明文のことである．変数のラベルは，分析を行った時に表やグラフに自動的に印刷される．必ずしもつける必要はないが，変数名だけではわかりにくかったりする場合にはつけた方がいいだろう．ここでは，次のように指定しておこう．

- 1番目の変数の［ラベル］の部分をクリックし，**学生の名前**と入力する．
- 2番目以下，**学生の性別，1学期の成績，国語の点数，数学の点数，英語の点数**と入力する．

3.2.4　カテゴリ変数に値ラベルをつける

値ラベルとは，カテゴリ変数（名義尺度）のそれぞれの値を意味するラベルのことである．

0：女性，1：男性

1：東京，2：大阪，3：名古屋，4：京都　など

今回は，2番目のデータ［性別］に値ラベルをつけてみよう．性別は0が**女性**，1が**男性**としておく．

- 性別の行の「値」のセルをクリックし，　をクリックする．
    - 値(U)：の枠の中に数字の0を半角英数字で入力する．
    - 次に**値ラベル**(E)：の中に，**女性**と入力する．
- ［追加(A)］をクリックすると，入力が完了．

ラベル	値
学生の名前	なし
学生の性別	なし

同じように，1を**男性**に割りあてておこう．

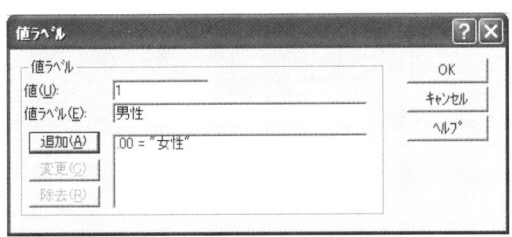

§3　データの入力

3.2.5　欠損値について

　SPSSでは，特に指定しない限り，**欠損値**（データ値がない部分）のあるケースを除外して分析をおこなう．　SPSSには欠損値を処理するさまざまな機能がある．欠損値の取り扱いについては，各種の資料・関連書を参考にしてほしい．

3.2.6　尺度水準の指定

- **学生名**の一番右側，**測定**の部分をクリック．
- ▼をクリックすると，尺度水準（名義，順序，スケール）を選択することができる．

> **名義**，**順序**はそれぞれデータが名義尺度，順序尺度の水準であることを意味し，**スケール**は間隔尺度以上の水準であることを意味する．

◎学生名，性別は［**名義**］，順位は［**順序**］，国語，数学，英語は［**スケール**］を指定する．

　以上で［変数ビュー］の指定は終了である．ここまでの作業で，以下のような画面になっているはずである．

	名前	型	幅	小数桁数	ラベル	値	欠損値	列	配置	測定
1	学生名	文字型	8	0	学生の名前	なし	なし	8	左	名義
2	性別	数値	8	2	学生の性別	{00, 女性}...	なし	8	右	名義
3	順位	数値	8	2	1学期の成績	なし	なし	8	右	順序
4	国語	数値	8	2	国語の点数	なし	なし	8	右	スケール
5	数学	数値	8	2	数学の点数	なし	なし	8	右	スケール
6	英語	数値	8	2	英語の点数	なし	なし	8	右	スケール
7										

3-3 データの入力

では次に，ウインドウ左下の［**データビュー**］をクリックし，データを入力する．以下の数値を入力してみよう（仮想データ）．

	学生名	性別	順位	国語	数学	英語
1	A	1.00	12.00	69.00	42.00	63.00
2	B	1.00	4.00	70.00	44.00	61.00
3	C	1.00	11.00	59.00	43.00	54.00
4	D	1.00	13.00	58.00	46.00	55.00
5	E	.00	5.00	67.00	43.00	58.00
6	F	.00	14.00	64.00	40.00	57.00
7	G	.00	7.00	55.00	50.00	45.00
8	H	.00	16.00	68.00	51.00	58.00
9	I	.00	6.00	61.00	39.00	53.00
10	J	1.00	15.00	65.00	50.00	56.00
11	K	.00	1.00	54.00	40.00	47.00
12	L	.00	2.00	56.00	48.00	52.00
13	M	1.00	10.00	64.00	44.00	54.00
14	N	1.00	17.00	59.00	41.00	55.00
15	O	.00	19.00	64.00	43.00	68.00
16	P	.00	20.00	62.00	44.00	51.00
17	Q	.00	3.00	49.00	45.00	46.00
18	R	1.00	18.00	62.00	48.00	61.00
19	S	1.00	9.00	57.00	40.00	47.00
20	T	1.00	8.00	58.00	41.00	49.00

ツールバーにある値ラベルのアイコン🔖をクリックするとラベル表示になる

性別
男性
男性
男性
男性
女性
女性
女性
女性
女性
男性
女性
女性
男性
男性
女性
女性
女性
男性
男性
男性

3-4 合計得点を出す

国語，数学，英語の合計得点を「**合計**」という変数名として算出する．

- ［**変数ビュー**］を開く．
  - 名前の列，英語の下に，**合計** と入力．
  - ラベルとして，**3教科の合計得点** と入力．
  - 型は**数値**，測定は**スケール**，その他はすべてデフォルトのまま．
- ［**データビュー**］に戻る．
  - ［**変換**(T)］メニュー ⇒ ［**計算**(C)］を開く．
  - **目標変数**(T)： の部分に，**合計** と入力．
  - **数式**(E)：の枠の中に，**国語＋数学＋英語** と入力．
    - 変数の一覧が出ているので，クリックして ▶ を押すと，変数が数式の枠の中にコピーされる．
    - ＋ のボタンもマウスでクリックすれば入力される．
    - キーボードで入力してもかまわない（記号は半角英数で）．
  - OK をクリックし，「**既存の変数を変更しますか？**」と出たら， OK ．

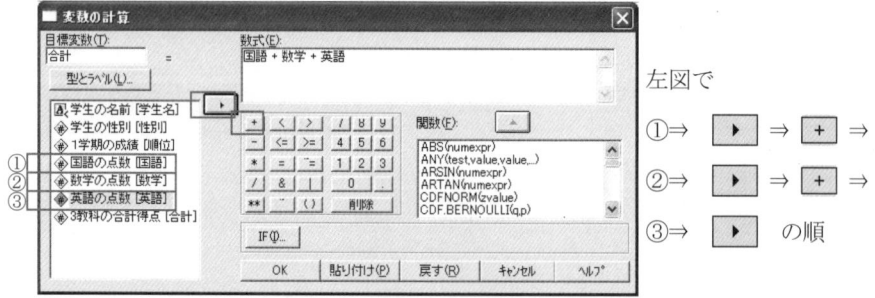

なお，変数ビューで事前に変数名を指定せずに，上のウィンドウの**目標変数**(T)：で**合計**を指定すれば変数が新しくつけ加わるので，あとはラベルのみ設定してもよい．

ここまで終了したら，簡単な記述統計量を算出してみよう．

3-5 分布を見る

まず，データの特徴を捉えるために，**ヒストグラム**を描いてみよう．

　　　［グラフ(G)］メニュー　⇒　［ヒストグラム(I)］

でも描けるのだが，より詳細な設定を行ってヒストグラムを描くには，

　　　［グラフ(G)］メニュー　⇒　［インタラクティブ(A)］　⇒　［ヒストグラム(I)］

を選択した方が便利なようである．ここでは，後者（インタラクティブ）のメニューを使用してみよう．

- ［ヒストグラムの作成］ウインドウが表示される．
  - ［変数の定義］タブで，国語を右側のボックスの中にドラッグ＆ドロップで移動させる（マウスの左ボタンをクリックしながらマウスを動かす）．

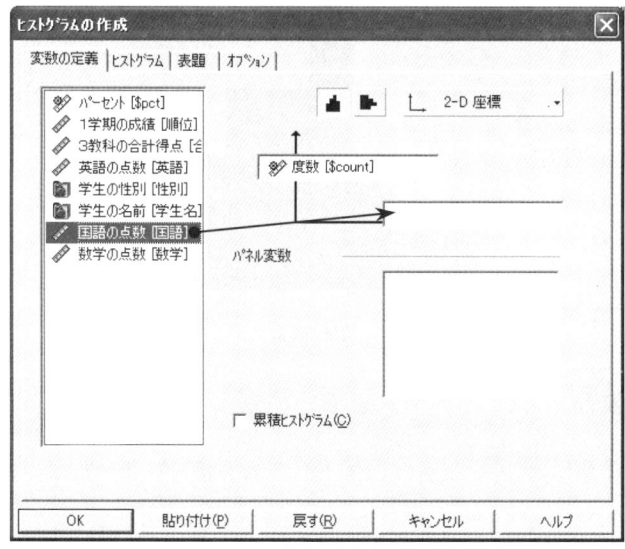

§3 データの入力

> [**ヒストグラム**]タブをクリックする．

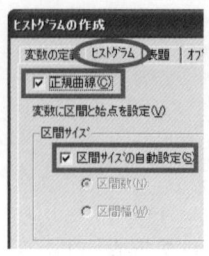

- 正規曲線(C)にチェックを入れると，正規分布曲線が表示され，データが正規分布に近いかどうかを判断する材料にすることができる．ただし，レポート等に添付する図に正規曲線をつける必要はない．
- **区間サイズ**を設定すれば，区間をいくつ設けるか，区間幅を何点にするかの設定ができる．ここでは，**区間サイズの自動設定(S)**にチェックをいれておけばよい．

> [**表題**]タブでは，図のタイトルや副題，解説をつけることができる．

> [**オプション**]タブでは，グラフのスタイルなどの細かい設定ができる．いろいろ試してみてほしい．

- ＯＫ を押せば，[SPSSビューア]に次のようなヒストグラムが表示される．

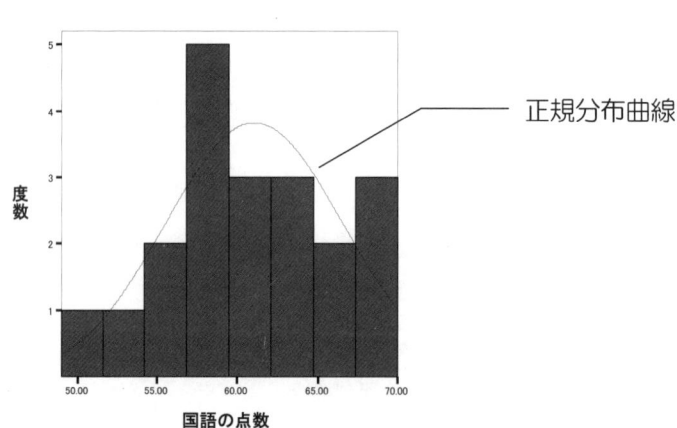

同様に，**数学**，**英語**のヒストグラムも描いてみよう．

> **STEP UP**：グループ別のヒストグラムを描くには
> > たとえば今回のデータで男女別のヒストグラムを描くには，[**ヒストグラムの作成**]ウインドウの[**変数の定義**]タブにおいて，[**パネル変数**]の枠内に**性別**をドラッグ＆ドロップすればよい．あとの操作は上記と同じ．

3-6 代表値と散布度

3.6.1 統計的な指標の概略と特徴

統計的な指標として,よく利用されるものをまとめると下のようになる.

	尺度の水準	統計的な指標	概略および特徴
代表値	名義尺度以上	最頻値（モード）	最も多い度数を示す測定値（データ）の値
	順序尺度以上	中央値（メディアン）	データを順番に並べた時のまん中の測定値の値
	間隔尺度以上	(算術)平均	個々の測定値の和を測定値の個数で割った値
散布度	名義尺度以上	平均情報量	エントロピーともいう 総度数と各カテゴリー度数との比較
	順序尺度以上	範囲（レンジ）	最も大きい測定値と最も小さい測定値の差
		四分位偏差	中央値とともに用いられる．四分領域ともいう
	間隔尺度以上	分散	測定値の平均からの偏差の2乗を平均したもの
		標準偏差	分散の平方根をとったもの．SDとも表記される
分布の形状	間隔尺度以上	尖度	分布のとがり具合,すそ野の広がり具合を表す 統計ソフト(SPSS)では正規分布を0(基準)とし,+⇒尖った分布
		歪度	分布の非対称性（ゆがみ），分布の中心の偏りを表す 分布が左に偏って分布→正の値,右に偏って分布→負の値

今回入力したデータには,名義尺度（**氏名**, **性別**）,順序尺度（**順位**）,間隔尺度（**国語**, **数学**, **英語**）の水準のものが含まれている．

3.6.2　代表値と散布度を算出

国語，数学，英語の**代表値**と**散布度**を算出する．

- 平均値，標準偏差，最大値，最小値，尖度，歪度の算出．
  - ［分析(A)］メニュー ⇒ ［記述統計(E)］ ⇒ ［記述統計(D)］ を選択．
  - ウインドウが現れるので，国語，数学，英語をクリック（あるいはマウスの左ボタンを押したまま選択）し，▶ をクリックすると，右側の枠に変数が移動する．

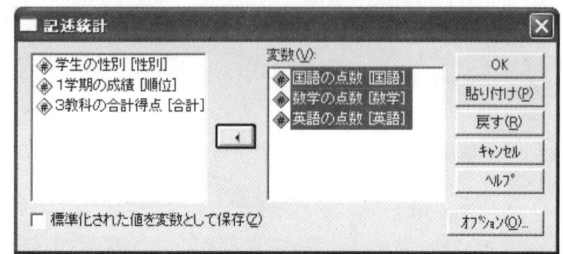

  - ［オプション(O)］をクリックし，平均値(M)，標準偏差(T)，最小値(N)，最大値(X)，尖度(K)，歪度(W)をチェック．
  - ［続行］をクリックし，［OK］をクリックすれば，結果が算出される．

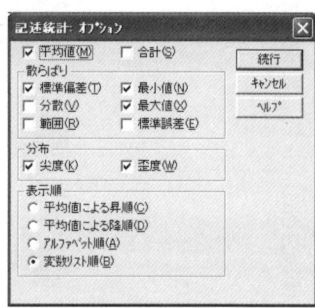

［出力結果］

記述統計量

	度数	最小値	最大値	平均値	標準偏差	歪度		尖度	
	統計量	統計量	統計量	統計量	統計量	統計量	標準誤差	統計量	標準誤差
国語の点数	20	49.00	70.00	61.0500	5.48179	-.243	.512	-.300	.992
数学の点数	20	39.00	51.00	44.1000	3.66922	.537	.512	-.789	.992
英語の点数	20	45.00	68.00	54.5000	6.06543	.311	.512	-.169	.992
有効なケースの数 (リストごと)	20								

さきほど出力したヒストグラムと，各代表値を見比べてみよう．

3.6.3　順位の中央値と範囲を算出

- 中央値と範囲の算出
  - ［分析(A)］メニュー　⇒　［報告書(P)］
    ⇒　［ケースの要約(M)］を選択．
  - 順位をクリックし，右側の枠に移動．

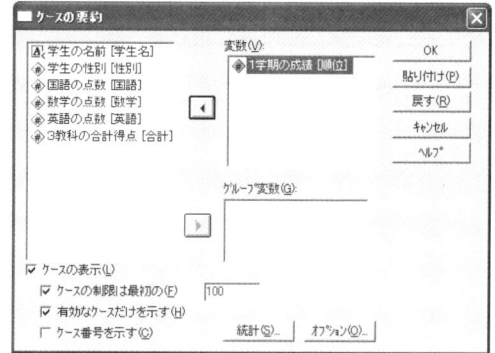

  - 統計(S) をクリックし，
    中央値と範囲を選択し，▶ をクリック．
  - 続行 をクリックし，
    ＯＫ をクリックすれば算出される．

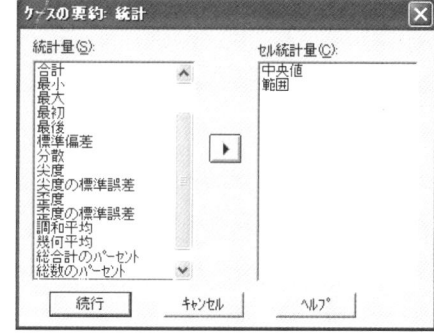

［出力結果］

ケースの集計 [a]

	1学期の成績
1	12.00
2	4.00
3	11.00
4	13.00
5	5.00
19	9.00
20	8.00
合計　中央値	10.5000
範囲	19.00

a. 最初の100のケースに制限されています．

◎［分析(A)］⇒［報告書(P)］⇒［ケースの要約(M)］では，間隔尺度以上の分析も可能．

<参考>最頻値を算出するには
  - ［分析(A)］⇒［記述統計(E)］⇒［度数分布表(F)］
  - 変数を選択し，統計(S) から出てきたウィンドウで［最頻値(O)］をチェック．

第1章 演習問題

SPSSで次のデータの平均値と標準偏差を算出しなさい. （解答は, p.40）

7
7
4
8
6
4
3
5
4
4
6
2
5
6
5
2
7
4
6
4

第2章
相関と相関係数

データの関連を見る

Section 1 関連を示す方法

研究において，変数間の関係について検討することがよくある．ここではその関連を示す方法を学んでいこう．

1-1 クロス表（分割表）

クロス表は，データが**名義尺度以上**の場合によく用いられる．2つ以上の独立変数を組み合わせて表を作成して従属変数を表の中に記入したり，独立変数ごとの複数の反応カテゴリーを組み合わせて各度数を記入したりすることが多い．

■クロス表のフォーマット

		独立変数				計（横の総和）
		a	b	c	…	
独立変数	a	n_{aa}	n_{ab}	n_{ac}	…	$n_{a\cdot}$
	b	n_{ba}	n_{bb}	n_{bc}	…	$n_{b\cdot}$
	c	n_{ca}	n_{cb}	n_{cc}	…	$n_{c\cdot}$
	·	·	·	·		·
	·	·	·	·		·
	·	·	·	·		·
計（縦の総和）		$n_{\cdot a}$	$n_{\cdot b}$	$n_{\cdot c}$		計（縦横の総和）

周辺度数

■例：男女と意見への賛成・反対の表明

性別	意見		合計
	賛成	反対	
男	30	20	50
女	10	40	50
合計	40	60	100

1-2 散布図

データが**順序尺度**以上の場合には，**散布図**としてデータを図に表してもよいだろう．基本的には，2つの変数を縦軸と横軸にして，各測定値をその交点にプロットする．

■例：国語と英語の得点の散布図

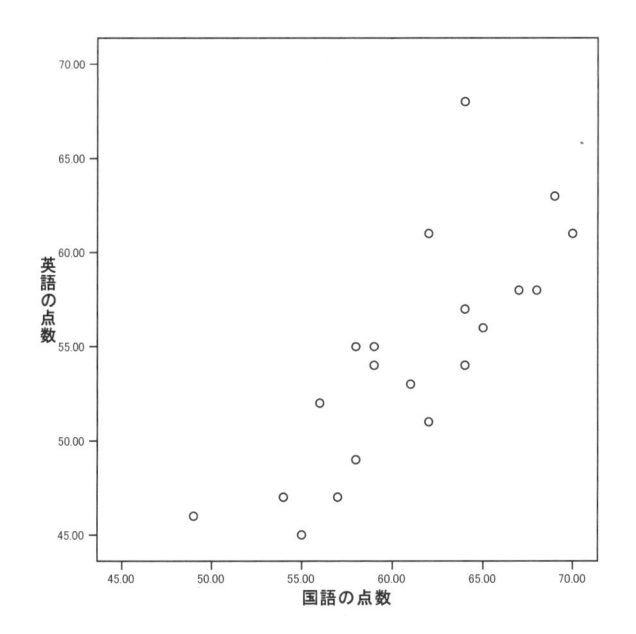

［グラフ(G)］メニュー ⇒ ［散布図(S)］ か，または，

［グラフ(G)］メニュー ⇒ ［インタラクティブ(A)］ ⇒ ［散布図(S)］

§1 関連を示す方法

1-3 相関と相関係数

散布図で視覚的に表現した2つの変数の関連性（**相関**）を統計的な指標で表現したものが，**相関係数**である．

<正の相関関係>
Xの値が増加するにつれて
Yの値も増加する

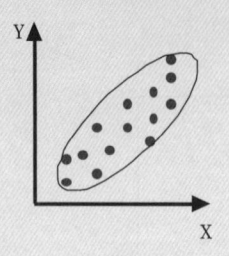

散布図は右上がりの傾向を示す．

<負の相関関係>
Xの値が増加するにつれて
Yの値は減少する

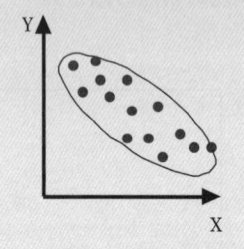

散布図は右下がりの傾向を示す．

<曲線相関>
XとYに直線的な関係はないが，
一定の関係がある

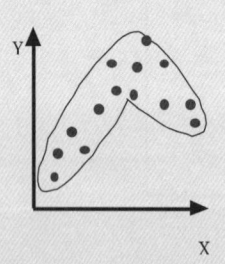

たとえば，授業の**難易度（X）**と**動機づけの高さ（Y）**の間の相関を算出するような場合を考えてみよう．授業が簡単すぎても難しすぎても動機づけは低くなるだろう．難易度が適度なところで動機づけは最も高まると予想される．

<無相関>
XとYの間には
何の関係も認められない

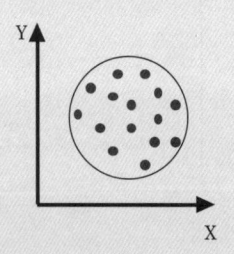

散布図は円に近くなる．

通常，相関係数は−1から+1の間の値をとる．そして，どの程度の相関係数が得られれば「関連がある」というかは，データの数や扱っている変数によって異なる．

一般的には，以下のように判断することが多い．

.00 〜 ±.20	ほとんど相関がない（.00は無相関）
±.20 〜 ±.40	低い（弱い）相関がある
±.40 〜 ±.70	かなり（比較的強い）相関がある
±.70 〜 ±1.00	高い（強い）相関がある（+1.00は完全な正の相関，−1.00は完全な負の相関）

SPSSでは，相関係数を算出すると同時に，**無相関検定（相関の有意性検定）**とよばれる検定結果も出力される．

■例：国語と英語の得点の相関係数

相関係数

		国語の点数	英語の点数
国語の点数	Pearson の相関係数	1	.786**
	有意確率（両側）		.000
	N	20	20
英語の点数	Pearson の相関係数	.786**	1
	有意確率（両側）	.000	
	N	20	20

**. 相関係数は1％水準で有意（両側）です．

- 無相関検定は，そのデータで得られた相関係数が母集団でも意味のある相関係数として判断してもよいのかについて調べるために行う．
- 「母集団では相関関係が認められない」という帰無仮説を設定し，その帰無仮説が棄却されれば母集団でも相関が認められると判断する（論文では「相関が有意であった」と記述する）．
- 5％水準で有意（* $p<.05$），1％水準で有意（** $p<.01$），0.1％水準で有意（*** $p<.001$）という基準で判断されることが多い．

1-4 相関係数の種類

一般的によく使われる相関係数の正式名称は**ピアソンの積率相関係数**である．ピアソンの積率相関係数は，間隔尺度以上の尺度水準で得られたデータに対して適用することができる．

この他にも相関係数にはいくつかの種類がある（右ページの表を参照）．

1-5 相関係数を用いる際の注意点

(1) 相関関係と因果関係は違う

- 相関係数の値が大きくても，因果関係があるとは必ずしもいえない．
- 因果関係を仮定するための条件については，第5章の **1-3 多変量解析を用いる際の注意点**(p.93)を参照してほしい．

(2) 「外れ値」の影響

- ピアソンの積率相関係数は平均や標準偏差を用いて算出される（データの分布の仕方が影響する）ため，**データに外れ値が存在していると，その影響を受けやすい**．
- この傾向はデータ数が少ないほど大きくなる．
- データに外れ値が存在している場合には，外れ値を除いて相関係数を算出するか，順位相関係数(p.34参照)を用いるようにする．

(3) 数倍大きいとは言えない

- 相関係数は間隔尺度や比率尺度の数値ではない．したがって，たとえば，「AとBの相関係数(=.60)はAとC(=.30)の2倍大きい」とは言えない．

《相関係数の種類と適用条件》 （岩淵 [4]，1997を改変）

	相関係数の名称	値の範囲	適用可能な尺度の水準	適用する場合の条件など
2変数間の相関関係	独立係数 （定性相関係数）	0～+1	名義尺度	
	φ係数 （点相関係数）	−1～+1	名義尺度・順序尺度	2変数とも2つの値をとる離散変量
	スピアマンの順位相関係数	−1～+1	順序尺度	
	ケンドールの順位相関係数	−1～+1	順序尺度	
	四分相関係数	−1～+1	間隔尺度以上	2変数とも正規分布に従う 2変数は直線的に回帰 2変数とも分割点の上下の度数しか情報がない
	点双列相関係数	−1～+1	1変数(X)は名義尺度・順序尺度 1変数(Y)は間隔尺度以上	Xは2つの値の離散変量 Yは正規分布に従う
	双列相関係数	−1～+1	間隔尺度以上	2変数とも正規分布に従う 2変数は直線的に回帰 1変数は分割点の上下の度数しか情報がない
	ピアソンの積率相関係数	−1～+1	間隔尺度以上	2変数とも正規分布に従う 2変数は直線的に回帰
	相関比	0～+1	1変数(X)はどの尺度水準でもよい 1変数(Y)は間隔尺度以上	Xのそれぞれに対応するYはそれぞれ正規分布に従う 2変数間が曲線的回帰
3変数以上の相関関係	一致係数	0～+1	順序尺度	
	重相関係数	0～+1	間隔尺度以上	多変量正規分布に従う 直線的な回帰を示す
	偏相関係数	−1～+1	間隔尺度以上	多変量正規分布に従う 直線的な回帰を示す

(4) 検討する仮説に応じて適切にデータ収集を行うことが必要

- データの選び方によって相関係数の数値や方向性（＋−）に異なった傾向が生じる場合がある．
  例1：男女で相関の±が異なる場合，男女込みで相関係数を算出すると無相関に近づく（群ごとの相関を分割相関，もしくは層別相関という）．
  例2：入学前の成績と入学後の成績は本来正の相関を示すのだが，入学しなかった者（入学前に成績が低い者）のデータがないために，相関係数が低くなる（切断効果という）．

(5) 平均の違いを反映しない

- 相関係数を算出する際，数値を**標準得点に変換**（平均を0，分散を1となるように変換）する．したがって，平均が0のデータすべてに100を足して，平均を100にしても相関係数は変わらない．

(6) 疑似相関と偏相関係数

- 第3の変数の影響があることによって，2つの変数間の相関係数が見かけ以上に大きくなることがある．これを**疑似相関**という．このような場合には，第3の変数の影響を除いた相関係数である，「**偏相関係数**」を算出してみるとよい．
  例：児童から成人までを含んだデータで，身長と体重の相関係数を算出すると非常に大きな値になる．これは年齢にともなって身長と体重が増加するためである．年齢という第3の変数の影響を除き，身長と体重の偏相関係数を算出すると，相関係数はやや低くなる．

では実際に，相関係数を算出してみよう．

Section 2 相関係数の算出

2-1 ピアソンの積率相関係数の算出

ピアソンの積率相関係数（記号は r）を算出する．第1章で入力したSPSSのデータを用いて分析してみよう．

国語，数学，英語の相互相関を算出してみよう．

- ［分析(A)］メニュー ⇒ ［相関(C)］ ⇒ ［2変量(B)］ を選択．
  - ≻ 国語，数学，英語の変数を選択し，▶ をクリック．
  - ≻ 相関係数のチェックは，［Pearson(N)］（ピアソンの積率相関係数）．
  - ≻ 有意差検定は，［両側(T)］とする．
  - ≻ ［有意な相関係数に星印をつける(F)］にチェックが入っていなければ入れる．
- ＯＫ をクリックすれば，3つの変数の相互相関が出力される．

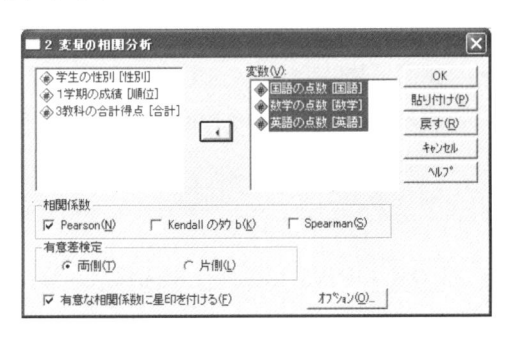

［出力結果］

相関係数

		国語の点数	数学の点数	英語の点数
国語の点数	Pearson の相関係数	1	.070	.786**
	有意確率（両側）		.768	.000
	N	20	20	20
数学の点数	Pearson の相関係数	.070	1	.057
	有意確率（両側）	.768		.812
	N	20	20	20
英語の点数	Pearson の相関係数	.786**	.057	1
	有意確率（両側）	.000	.812	
	N	20	20	20

**. 相関係数は1%水準で有意（両側）です．

◎出力内容は，上から，相関係数，有意確率（有意な場合には＊がつく），データ数である．

◎ オプション(O) の欠損値で［リストごとに除外(L)］を選択すると，欠損値を除いて分析される．

2-2 順位相関係数の算出

データの**順位**は，1学期の成績を表している．これは1学期のこのクラス内の「**順位**」であり，**順序尺度**の水準になる．基本的に，ピアソンの積率相関係数は間隔尺度以上の尺度水準に適用できるものであり，順序尺度を用いる時には**順位相関係数**を算出する．

順位相関係数には，**スピアマンの順位相関係数**（記号は ρ（ロー））や**ケンドールの順位相関係数**（記号は τ（タウ））がある．

では，**国語**，**数学**，**英語**と「**順位**」の，順位相関を求めてみよう．

- ［分析(A)］メニュー ⇒ ［相関(C)］ ⇒ ［2変量(B)］ を選択．
- 変数として，**国語**，**数学**，**英語**，**順位**を選択．
- 相関係数のチェックで，［Kendall のタウ b(K)］
  （ケンドールの順位相関係数），
  ［Spearman(S)］（スピアマンの順位相関係数）
  にチェックを入れる．
- ＯＫ を押せば，順位相関係数が算出される．

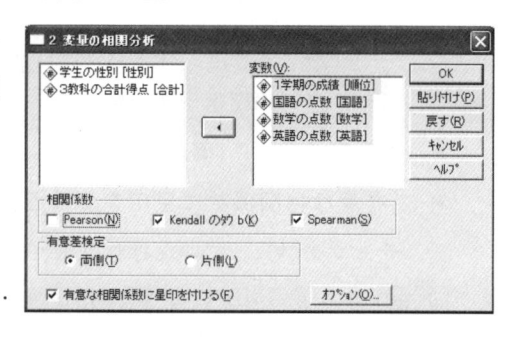

［出力結果］

相関係数

			1学期の成績	国語の点数	数学の点数	英語の点数
Kendallのタウb	1学期の成績	相関係数	1.000	.289	.109	.379*
		有意確率（両側）	.	.079	.513	.021
		N	20	20	20	20
	国語の点数	相関係数	.289	1.000	.077	.678**
		有意確率（両側）	.079	.	.646	.000
		N	20	20	20	20
	数学の点数	相関係数	.109	.077	1.000	.077
		有意確率（両側）	.513	.646	.	.646
		N	20	20	20	20
	英語の点数	相関係数	.379*	.678**	.077	1.000
		有意確率（両側）	.021	.000	.646	.
		N	20	20	20	20
Spearmanのロー	1学期の成績	相関係数	1.000	.405	.169	.481*
		有意確率（両側）	.	.077	.477	.032
		N	20	20	20	20
	国語の点数	相関係数	.405	1.000	.097	.844**
		有意確率（両側）	.077	.	.685	.000
		N	20	20	20	20
	数学の点数	相関係数	.169	.097	1.000	.098
		有意確率（両側）	.477	.685	.	.682
		N	20	20	20	20
	英語の点数	相関係数	.481*	.844**	.098	1.000
		有意確率（両側）	.032	.000	.682	.
		N	20	20	20	20

*．相関は，5％水準で有意となります（両側）．
**．相関は，1％水準で有意となります（両側）．

2-3 偏相関係数の算出

英語の影響を取り除いた，国語と数学の**偏相関係数**を算出する．

- ［分析(A)］メニュー ⇒ ［相関(C)］ ⇒ ［偏相関(R)］ を選択．
- ［変数(V):］に，**国語**と**数学**を選択．
- ［制御変数(C):］に，**英語**を選択．
- OK を押せば，英語を統制した際の国語と数学の偏相関係数が算出される．

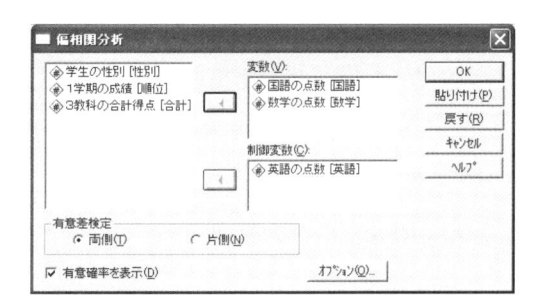

［出力結果］

偏相関分析

相関係数

制御変数			国語の点数	数学の点数
英語の点数	国語の点数	相関	1.000	.042
		有意確率（両側）	.	.865
		df	0	17
	数学の点数	相関	.042	1.000
		有意確率（両側）	.865	.
		df	17	0

注意：このデータにおいて，英語の得点を統制することは意味がない．
偏相関係数を算出する際には，理論的な裏付けが必要である．

2-4 カテゴリー別に相関係数を算出する

2.4.1 ファイルの分割

- データビューにおいて，[データ(D)]メニュー ⇒ [ファイルの分割(F)]を選択．
  - [グループごとの分析(O)]をチェック，**性別**を選択して，▶をクリック，枠の中に**性別**の変数を入れる．
  - OK ボタンを押す．

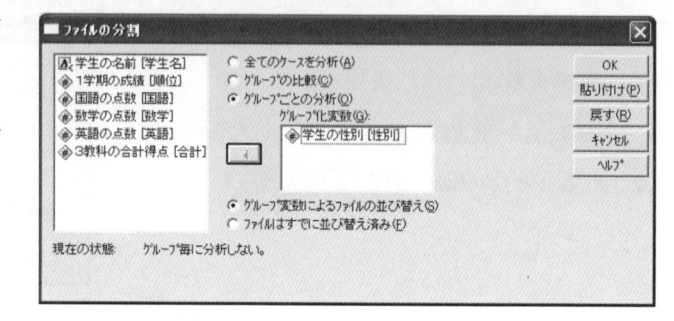

2.4.2 男女別の相関係数

- データビューに戻り，国語，数学，英語間のピアソンの積率相関係数を算出すると，男女別の相関係数が算出される．

[出力結果]

学生の性別 = 女性

相関係数[a]

		国語の点数	数学の点数	英語の点数
国語の点数	Pearson の相関係数	1	-.038	.775**
	有意確率 (両側)		.917	.009
	N	10	10	10
数学の点数	Pearson の相関係数	-.038	1	-.141
	有意確率 (両側)	.917		.698
	N	10	10	10
英語の点数	Pearson の相関係数	.775**	-.141	1
	有意確率 (両側)	.009	.698	
	N	10	10	10

**. 相関係数は 1% 水準で有意 (両側) です．
a. 学生の性別 = 女性

- 再度，すべてのケースを分析したい時は
  - [データ(D)]メニュー ⇒ [ファイルの分割(F)]を選択．
  - [全てのケースを分析(A)]にチェックを入れる．
  - OK をクリック．

学生の性別 = 男性

相関係数[a]

		国語の点数	数学の点数	英語の点数
国語の点数	Pearson の相関係数	1	.290	.787**
	有意確率 (両側)		.416	.007
	N	10	10	10
数学の点数	Pearson の相関係数	.290	1	.437
	有意確率 (両側)	.416		.206
	N	10	10	10
英語の点数	Pearson の相関係数	.787**	.437	1
	有意確率 (両側)	.007	.206	
	N	10	10	10

**. 相関係数は 1% 水準で有意 (両側) です．
a. 学生の性別 = 男性

2-5 上位群だけの相関を求める

次に，1学期の成績が上位10名だけの相関係数を求めてみよう．

2.5.1 上位10名のデータの抽出

- ［データ(D)］メニュー ⇒ ［ケースの選択(C)］ を選択．
  - ［ケースの選択］ウインドウが表示される．
    ［IF条件が満たされるケース(C)］をクリックする．

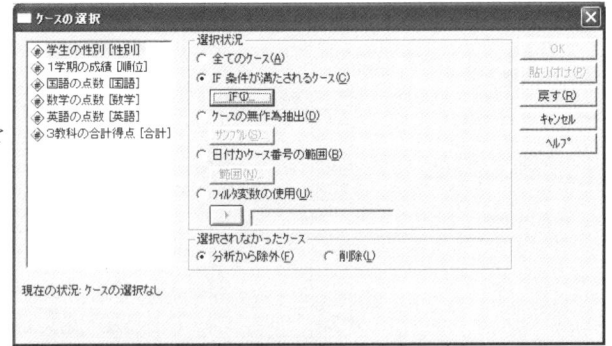

  - IF(I) をクリックすると，［ケースの選択：IF条件の定義］ウインドウが表示される．
    変数の中から順位を選択し，▶ をクリック．
    枠の中で「順位 <= 10」と表示されるように，キーボードから入力，あるいはマウスでボタンをクリックして入力する．

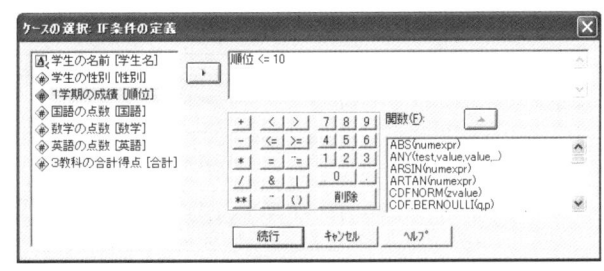

        < 10   は 10未満（10を含まない）
        <= 10   は 10以下（10を含む）
        > 10   は 10より上（10を含まない）
        >= 10   は 10以上（10を含む）

    続行 をクリック．

§2 相関係数の算出

- 選択されなかったケースは[分析から除外(F)]に指定しておく．
- OK をクリック．

2.5.2　上位10名だけの相関係数

データビューを見ると，順位が10より上のケース番号に斜線が入る（分析から除外されることを意味する）．国語，数学，英語間のピアソンの積率相関係数を算出（p.33参照）すると，1学期の成績が上位10名だけの相関係数が算出される．

[出力結果]

学生名	性別	順位	国語	数学	英語	合計	filter_$
1 A	男性	12.00	69.00	42.00	63.00	174.00	選択されていないケース
2 B	男性	4.00	70.00	44.00	61.00	175.00	選択されているケース
3 C	男性	11.00	59.00	43.00	54.00	156.00	選択されていないケース
4 D	男性	13.00	58.00	46.00	55.00	159.00	選択されていないケース
5 E	女性	5.00	67.00	43.00	58.00	168.00	選択されているケース
6 F	女性	14.00	64.00	40.00	57.00	161.00	選択されていないケース
7 G	女性	7.00	55.00	50.00	45.00	150.00	選択されているケース
8 H	女性	16.00	68.00	51.00	58.00	177.00	選択されていないケース
9 I	女性	6.00	61.00	39.00	53.00	153.00	選択されているケース
10 J	男性	15.00	65.00	50.00	56.00	171.00	選択されていないケース
11 K	女性	1.00	54.00	40.00	47.00	141.00	選択されているケース
12 L	女性	2.00	56.00	48.00	52.00	156.00	選択されているケース
13 M	男性	10.00	64.00	44.00	54.00	162.00	選択されているケース
14 N	女性	17.00	59.00	41.00	55.00	155.00	選択されていないケース
15 O	女性	19.00	64.00	43.00	68.00	175.00	選択されていないケース
16 P	女性	20.00	62.00	44.00	51.00	157.00	選択されていないケース
17 Q	女性	3.00	49.00	45.00	46.00	140.00	選択されているケース
18 R	男性	18.00	62.00	48.00	61.00	171.00	選択されていないケース
19 S	男性	9.00	57.00	40.00	47.00	144.00	選択されているケース
20 T	男性	8.00	58.00	41.00	49.00	148.00	選択されているケース

相関係数

		国語の点数	数学の点数	英語の点数
国語の点数	Pearson の相関係数	1	-.156	.924**
	有意確率 (両側)		.666	.000
	N	10	10	10
数学の点数	Pearson の相関係数	-.156	1	-.085
	有意確率 (両側)	.666		.815
	N	10	10	10
英語の点数	Pearson の相関係数	.924**	-.085	1
	有意確率 (両側)	.000	.815	
	N	10	10	10

**. 相関係数は 1% 水準で有意 (両側) です．

◎再度すべてのケースを分析対象としたい時は……

- [データ(D)]メニュー ⇒ [ケースの選択(C)] を選択．
  - [全てのケース(A)]にチェックをいれる．
  - OK をクリック．
- データビューを見ると，斜線がなくなっている．

第2章 演習問題

YGPI検査（YG性格検査®）には12の性格特性が含まれている．今回はそのうち6つの特性に注目する．30人に実施したYGPI検査の結果から，6つの性格特性間の相関係数（ピアソンの積率相関係数）と有意水準をSPSSによって算出しなさい．

（解答は，p.40）

番号	抑うつ性	劣等感	神経質	攻撃性	支配性	社会的外向
1	13	10	4	7	8	6
2	9	15	13	16	6	12
3	18	10	7	7	12	14
4	7	10	9	9	7	11
5	7	10	15	9	6	11
6	19	16	16	10	8	12
7	14	1	18	16	16	18
8	20	16	19	11	9	16
9	18	12	10	14	4	2
10	12	16	14	10	2	8
11	14	19	11	7	10	12
12	14	10	6	7	11	10
13	17	16	17	19	12	7
14	20	10	17	13	11	12
15	16	18	15	7	6	11
16	16	4	10	10	4	12
17	16	18	16	8	4	4
18	20	12	14	10	1	2
19	20	11	14	3	10	16
20	20	14	16	16	11	9
21	14	14	14	16	4	8
22	14	16	6	11	11	15
23	0	4	10	14	12	14
24	16	18	10	4	4	3
25	15	17	13	6	6	11
26	14	16	16	9	4	6
27	20	18	16	12	9	12
28	18	18	16	12	0	4
29	16	10	10	7	7	3
30	7	9	5	15	14	18

[第1章　演習問題(p.24)　解答]

平均値は 4.95，標準偏差は 1.67 である．

度数 統計量	平均値 統計量	標準偏差 統計量
20 20	4.9500	1.66938

[第2章　演習問題(p.39)　解答]

6つの性格特性間の相関係数および有意水準（有意確率）は以下の通りである．

抑うつ性と劣等感（$r=.370, p<.05$），抑うつ性と神経質（$r=.402, p<.05$），劣等感と支配性（$r=-.420, p<.05$），劣等感と社会的外向（$r=-.377, p<.05$），支配性と社会的外向（$r=.728, p<.001$）において，有意な相関関係がみられる．

相関係数

		抑うつ性	劣等感	神経質	攻撃性	支配性	社会的外向
抑うつ性	Pearson の相関係数	1	.370*	.402*	-.143	-.145	-.240
	有意確率（両側）		.044	.028	.452	.444	.202
	N	30	30	30	30	30	30
劣等感	Pearson の相関係数	.370*	1	.279	-.185	-.420*	-.377*
	有意確率（両側）	.044		.135	.327	.021	.040
	N	30	30	30	30	30	30
神経質	Pearson の相関係数	.402*	.279	1	.283	-.162	-.033
	有意確率（両側）	.028	.135		.130	.393	.863
	N	30	30	30	30	30	30
攻撃性	Pearson の相関係数	-.143	-.185	.283	1	.254	.171
	有意確率（両側）	.452	.327	.130		.175	.365
	N	30	30	30	30	30	30
支配性	Pearson の相関係数	-.145	-.420*	-.162	.254	1	.728**
	有意確率（両側）	.444	.021	.393	.175		.000
	N	30	30	30	30	30	30
社会的外向	Pearson の相関係数	-.240	-.377*	-.033	.171	.728**	1
	有意確率（両側）	.202	.040	.863	.365	.000	
	N	30	30	30	30	30	30

*. 相関係数は 5% 水準で有意（両側）です．
**. 相関係数は 1% 水準で有意（両側）です．

2008年6月 新刊

はじめての共分散構造分析
― Amosによるパス解析 ―

小塩真司 著　B5変形　定価2940円　ISBN978-4-489-02035-3

はじめてAmosに触れる人が1つずつステップを踏んで進めるうちに潜在変数を用いた共分散構造分析が使いこなせるようになる！ 相関関係から重回帰分析、因子分析、さらにこれらを組み合わせた分析を順に練習するなかで、パス図が意味する「意味」がつかめる。各章末には、同じ分析をSPSSで行う方法もあわせて紹介して、さらに理解が深まるように配慮した。パス図で表現するスキルを習得すれば、研究の理論構造を組み立てるうえでも役立つだろう。

共分散構造分析 [Amos編]
― 構造方程式モデリング ―

豊田秀樹 編著　B5変形　定価3360円　ISBN978-4-489-02008-7

複雑な関係性をパス図で表現することでわかりやすくモデル化する共分散構造分析。その分析ツールとして定評のある「Amos」。バージョン7.0として、ますます実用的かつ信頼性の高い解析が行えるようになった。本書は、この分野で第一人者の編著者らにより、Amosを徹底的に使いこなし、論文・レポートが書けるようになるための詳細が盛り込まれている。解説はすべて見開き2ページで完結し、扱うデータはすべて東京図書のWebページからダウンロードが可能なため、実際に操作しながらモデルの構成法やその意味を理解できる。また、72本におよぶ共分散構造分析を利用した研究事例（第15章）を、論文・レポートでの分析を成功させるヒントとして、パス図とともに紹介した。初心者からベテランまで、この1冊で共分散構造分析をマスターできる。

（定価税込）
〒102-0072 東京都千代田区飯田橋3-11-19

東京図書

TEL:03(3288)9461　FAX:03(3288)9470
URL:http://www.tokyo-tosho.co.jp

心理・調査データ解析　小塩真司 著　B5変形　定価2940円　ISBN978-4-489-00710-1

心理・調査データ解析　小塩真司 著　B5変形　定価2940円　ISBN978-4-489-02013-1

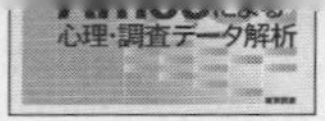

第3章
χ^2検定・t検定

2変数の相違を見る

Section 1 相違を調べる方法

　分析は，まず何をどう調べたいのかを考えることから始まる．変数間の関連性に注目するのか，変数間の違い・差異・相違に注目するのかによって，用いる分析方法は異なってくる．

　ここでは，「相違」に注目してみよう．

1-1 相違に関連する，いろいろな検定方法

目的	統計量	データの種類	同時に分析する変数の数				
			1変数	2変数		3変数以上	
				対応なし	対応あり	対応なし	対応あり
相違	分散	量的データ	χ^2分布を利用した検定	F検定	t検定	コクラン検定 バートレット検定	分散分析の応用
	平均	量的データ	正規分布・t分布を利用した検定	t検定	対応のあるt検定	分散分析 (ANOVA) 多重比較	くり返しのある分散分析 共分散分析 (相関分析) (ANCOVA) 多変量分散分析 (MANOVA)
	カテゴリー間の差 人数や%	質的データ (名義尺度)	χ^2検定 (比率の検定)	2×2のχ^2検定 $2 \times k$のχ^2検定	対応のあるχ^2検定	$r \times k$のχ^2検定	χ^2検定 (コクランのQ検定)

（岩淵[4]，1997を改変）

1-2 検定方法の選び方

たとえば……

(1) 男女の英語の得点には差があるのか？

- 男性の英語の得点と女性の英語の得点　→　同時に分析するのは **2 変数**
- 男性と女性　→　**対応なし**
- 英語の得点　→　**量的データ**
- 男女の**平均値の相違**を検定したい
- では分析方法は？

(2) ある意見に「賛成」が10名，「反対」が20名だった．反対の方が統計的に有意に多いといえるか？

- ある意見に「賛成」か「反対」か　→　同時に分析するのは **1 変数**
- 賛成 or 反対　→　**質的データ**
- 賛成・反対の人数**比率**を検定したい
- では分析方法は？

(3) C大学の5つの学部それぞれ100名，合計500名に大学に対する満足度の調査を行った．どの学部の学生の満足度が一番高いか知りたい．

- 5つの学部の満足度　→　同時に分析するのは **3 変数以上**
- 5つの学部　→　**対応なし**
- 満足度　→　**量的データ**
- 満足度の**平均値の相違**を検定したい
- では分析方法は？

(4) 授業前と授業後のテストの得点に差があるのかを知りたい．

- 授業前のテスト得点と授業後のテスト得点　→　同時に分析するのは **2 変数**
- 1人の学生は授業前と授業後の2回テストを受ける　→　**対応あり**
- テストの得点の**平均値の差**を検定したい
- では分析方法は？

(5) 男女に対して，恋愛をしたことがあるかないかを尋ねた．男女で恋愛経験の有無に差があるかどうかを知りたい．

> - 男と女，恋愛の「ある」「なし」　→　同時に分析するのは2変数
> - 男と女，「ある」「なし」　→　ともに**質的データ**
> - 人数の**比率の差**を検定したい
> - では分析方法は？

(6) 文系100名（男性40名，女性60名）と理系100名（男性60名，女性40名）に対して，学習行動尺度を実施した．学習行動尺度の得点が文系・理系，男性・女性によって異なるのかを知りたい．

> - 文系の男性，文系の女性，理系の男性，理系の女性の得点
>   → 同時に分析するのは**3変数以上**
> - 4つの学習行動得点　→　**量的データ・対応なし**
> - 学習行動尺度得点の**平均値の差**を検定したい
> - では分析方法は？

ここからは，このような「相違」の検定を行う方法を学ぶ．

> 答え：　(1)（対応のない）t 検定，　(2) χ^2 検定，　(3) 分散分析，
> 　　　　(4)（対応のある）t 検定，　(5)（2×2の）χ^2 検定，　(6) 分散分析

Section 2　χ^2検定

ある質問への回答のパターンにおける相違，および度数や人数や％の相違を検討する際に，χ^2（カイ2乗）検定を用いる．χ^2検定とは，名義尺度から得られた「質的なデータ」において，標本で得られた相違が母集団においても相違として認められるかについて推測する方法である．

なお，母集団に正規分布などの仮定を厳密におかず，名義尺度や順序尺度を用いて検定を行う方法を，**ノンパラメトリック検定法**という．

2-1　1変量のχ^2検定

ある質問を20名に対して行った結果，5名が「賛成」，15名が「反対」だった．この結果をχ^2検定によって検定し，賛成意見よりも反対意見の方が統計的に有意に多いことを示したい．

まずはデータを入力しよう．

■データの型の指定と入力

- SPSSデータエディタの［変数ビュー］を開く．
    - 1番目の変数の名前に，**回答**　と入力．
    - 型は **数値**，幅・小数桁数はデフォルトのまま．
    - ラベルに **質問の回答**　と入力．
    - 値の…をクリック．値ラベルを指定する．
        - 「0」が「**反対**」，「1」が「**賛成**」になるように指定．
    - 測定の部分を **名義** にする（名義尺度の水準なので）．

	回答	var
1	1.00	
2	1.00	
3	1.00	
4	1.00	
5	1.00	
6	.00	
7	.00	
8	.00	
9	.00	
10	.00	
11	.00	
12	.00	
13	.00	
14	.00	
15	.00	
16	.00	
17	.00	
18	.00	
19	.00	
20	.00	

- SPSSデータエディタの［データビュー］を開く．
  ➢ 1番目から5番目までに1（賛成）を，6番目から20番目までに0（反対）を縦に入力．

■ χ^2 検定

- ［分析(A)］ ⇒ ［ノンパラメトリック検定(N)］ ⇒ ［カイ2乗(C)］ を選択．
  ➢ ［検定変数リスト(T):］に回答を入れる．
- OK を押せば，検定結果が表示される．

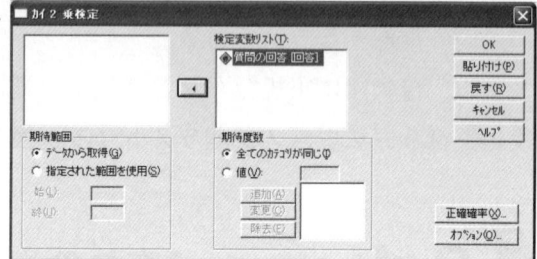

［出力結果］

度数

質問の回答

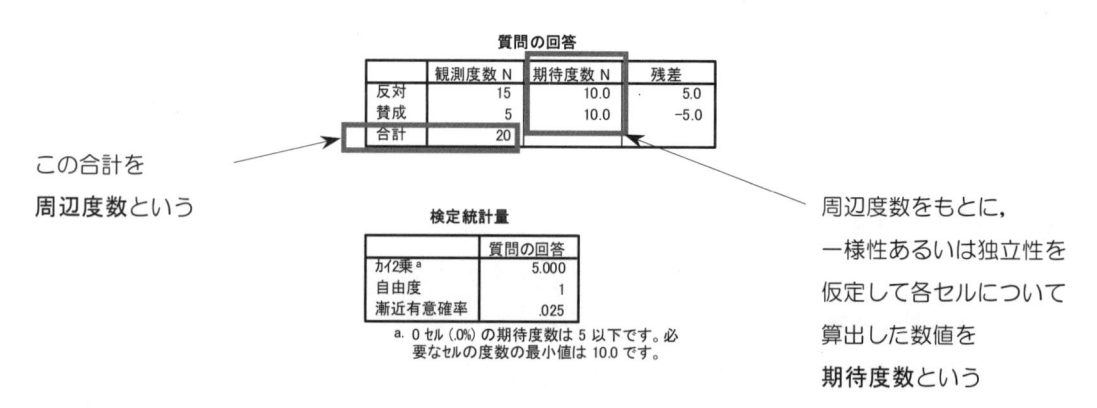

	観測度数 N	期待度数 N	残差
反対	15	10.0	5.0
賛成	5	10.0	-5.0
合計	20		

この合計を**周辺度数**という

周辺度数をもとに，一様性あるいは独立性を仮定して各セルについて算出した数値を**期待度数**という

検定統計量

	質問の回答
カイ2乗[a]	5.000
自由度	1
漸近有意確率	.025

a. 0 セル (.0%) の期待度数は 5 以下です．必要なセルの度数の最小値は 10.0 です．

自由度★1，カイ2乗値は5.00，5％水準で有意である．

したがって，「反対」の人数が「賛成」に比べ有意に多いといえる．

★：自由度については「所定の統計量を算出する際に，自由にその値を変えうる要因の数」という説明にとどめておく．詳しくは巻末の文献などを参考してほしい．

2-2 ● 2変量の χ^2 検定

ある質問を男性20名，女性20名に対して行ったところ，男性は20名中5名が賛成，女性は20名中14名が賛成だった．この結果を χ^2 検定によって検定し，男女における意見の相違が統計的に有意であることを示したい．

さきほどのデータに加えて，上記の条件に合うようにデータを入力する．

■データの型の指定と入力

- SPSSデータエディタの [変数ビュー] を開く．
  - 2番目の変数の名前に **性別**．
  - 型は **数値**，幅・小数桁数・ラベルはデフォルトのまま．
  - 値の … をクリック．値ラベルを指定する．
    - ◆ 0が**女性**，1が**男性**になるように指定する．
  - 測定の部分を **名義** にする．

	名前	型	幅	小数桁数	ラベル	値	欠損値	列	配置	測定
1	回答	数値	8	2	質問の回答	{00, 反対}...	なし	8	右	名義
2	性別	数値	8	2		{00, 女性}...	なし	8	右	名義
3										

- SPSSデータエディタの [**データビュー**] を開く．
  - さきほどのデータに加えて，回答の21番目から34番目までに「1」（賛成），35番目から40番目までに「0」（反対）を入力．
  - **性別**を入力する．1番から20番までに「1」（男性），21番から40番目までに「0」（女性）を入力．

	回答	性別
1	1.00	1.00
2	1.00	1.00
3	1.00	1.00
4	1.00	1.00
5	1.00	1.00
6	.00	1.00
7	.00	1.00
8	.00	1.00
9	.00	1.00
10	.00	1.00
11	.00	1.00
12	.00	1.00
13	.00	1.00
14	.00	1.00
15	.00	1.00
16	.00	1.00
17	.00	1.00
18	.00	1.00
19	.00	1.00
20	.00	1.00
21	1.00	.00
22	1.00	.00
23	1.00	.00
24	1.00	.00
25	1.00	.00
26	1.00	.00
27	1.00	.00
28	1.00	.00
29	1.00	.00
30	1.00	.00
31	1.00	.00
32	1.00	.00
33	1.00	.00
34	1.00	.00
35	.00	.00
36	.00	.00
37	.00	.00
38	.00	.00
39	.00	.00
40	.00	.00

■2変量のχ^2検定

- ［分析(A)］メニュー ⇒ ［記述統計(E)］ ⇒ ［**クロス集計表(C)**］ を選択．
 （「分析⇒ノンパラメトリック検定⇒カイ２乗」ではないので注意！）．
    - ［行(0)：］に **回答**，［列(C)：］に **性別** を指定．
    - 統計(S) ボタンをクリック．
        - ［**カイ２乗(H)**］にチェックを入れる．
        - 続行 をクリック．
- OK をクリックすると，クロス表と検定結果が表示される．

［出力結果］

質問の回答 と 性別 のクロス表

度数

		性別		合計
		女性	男性	
質問の回答	反対	6	15	21
	賛成	14	5	19
合計		20	20	40

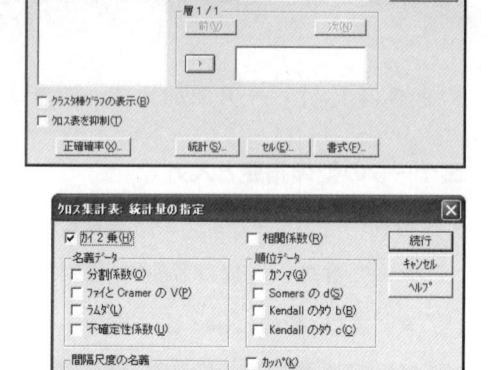

カイ2乗検定

	値	自由度	漸近有意確率 (両側)	正確有意確率 (両側)	正確有意確率 (片側)
Pearson のカイ2乗	8.120[b]	1	.004		
連続修正[a]	6.416	1	.011		
尤度比	8.424	1	.004		
Fisher の直接法				.010	.005
線型と線型による連関	7.917	1	.005		
有効なケースの数	40				

a. 2x2 表に対してのみ計算
b. 0 セル (.0%) は期待度数が 5 未満です．最小期待度数は 9.50 です．

> **参考**
> クロス表の周辺度数(p.46)に10以下の小さな値があり，各セル度数の中に0に近い値がある時には，χ^2検定ではなく，**フィッシャーの直接法**（Fisher's exact test；直接確率計算法）を行うことが望ましい．
> SPSSでは，2行2列のクロス表の場合に，フィッシャーの直接法が計算される．

Section 3　t 検定

t 検定は，2つのデータの**平均の相違**を検定する際に用いられる．
ここでいう2つのデータは，間隔尺度以上である必要がある．
t 検定は間隔尺度以上の量的なデータにおいて，2つの標本平均間の相違が母平均間においても相違として認められるのかについて推測する方法である．

3-1　t 検定の種類

◎対応のない t 検定

　　2つの平均値間が独立である場合に用いる．
　　（例）ある学校の3年1組と3年2組のテスト得点の比較

◎対応のある t 検定

　　2つの平均値間が独立とはいえない場合や，2つの平均値間に何らかの関連がある場合に用いる．
　　（例）授業前と授業後のテスト得点の比較

3つ以上の平均の相違を t 検定によって検定することはできない．その場合には分散分析(ANOVA)を用いる（第4章参照）．

3-2 ● t 検定を行う際には

t 検定は，データの条件によって適用できる式が異なる．
手順としては……

- 2つのデータの**母分散が等しいかどうか**を検定する．
- 等しい場合 ⇒ t 統計量を求める．
- 異なる場合 ⇒ ウェルチ(Welch)の方法を用いる．
- どちらも SPSS で算出されるので，どちらを見るのか覚えておこう．

3-3 ● 対応のない t 検定

20名の被験者をA群とB群に分けて実験を行い，以下のようなデータを得た．A群とB群の平均には相違があるといえるか？

| A群 | 9 | 8 | 5 | 6 | 9 | 7 | 8 | 5 | 7 | 6 |
| B群 | 6 | 4 | 7 | 5 | 4 | 5 | 7 | 5 | 4 | 3 |

■データの型の指定と入力

- SPSS データエディタの [変数ビュー] を開く．
  - 1番目の変数の名前に **群**，2番目の変数の名前に **結果** と入力．
  - 型は **数値**，幅・小数桁数・ラベルはデフォルトのまま．
  - 群における値の … をクリック．値ラベルを指定する．
    - 0 が **A群**，1 が **B群** になるように指定する．
  - 群における測定の部分を **名義** にする．
  - 結果における測定の部分は **スケール** のまま．

	名前	型	幅	小数桁数	ラベル	値	欠損値	列	配置	測定
1	群	数値	8	2		{00, A群}…	なし	8	右	名義
2	結果	数値	8	2		なし	なし	8	右	スケール

- ［データビュー］を開く．
  - ➤ 群の1番目から10番目までのセルに「0」を入力，11番目から20番目までのセルに「1」を入力（0がA群，1がB群を意味する）．
  - ➤ A群，B群に対応するデータを前ページの表に従って入力する．

	群	結果
1	.00	9.00
2	.00	8.00
3	.00	5.00
4	.00	6.00
5	.00	9.00
6	.00	7.00
7	.00	8.00
8	.00	5.00
9	.00	7.00
10	.00	6.00
11	1.00	6.00
12	1.00	4.00
13	1.00	7.00
14	1.00	5.00
15	1.00	4.00
16	1.00	5.00
17	1.00	7.00
18	1.00	5.00
19	1.00	4.00
20	1.00	3.00

（1〜10：A群，11〜20：B群）

■対応のない t 検定

- ［分析(A)］ ⇒ ［平均の比較(M)］ ⇒ ［独立したサンプルのT検定(T)］ をクリック．
  - ◎SPSSでは「T検定」となっているが，正しい表記は「t 検定」である．レポートや論文を書く時には気をつけてほしい． 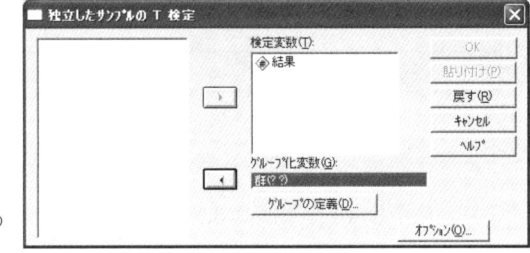
  - ➤ ［検定変数(T):］に 結果 を指定する（従属変数）．
  - ➤ ［グループ化変数(G):］に 群 を指定する（独立変数）．
  - ➤ グループの定義(D) をクリック．
    - ◆ ［グループ1(1):］の枠の中に 0 ，
      ［グループ2(2):］の枠の中に 1 を入力．
    - ◆ 続行 をクリック． 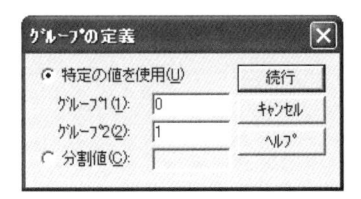
  - ➤ OK をクリック．

§3 t 検定

■出力の見方

- まず，グループ統計量が出力される．群ごとの人数，平均値，標準偏差を確認しておこう．

グループ統計量

	群	N	平均値	標準偏差	平均値の標準誤差
結果	A群	10	7.0000	1.49071	.47140
	B群	10	5.0000	1.33333	.42164

- 次に，検定結果が出力される．
    - まず，2つのデータが等分散であるかを見る（等分散性の検定）．

F値が有意である	⇒	等分散ではない
F値が有意ではない	⇒	等分散である

    - 等分散が仮定される場合には「等分散を仮定する」の検定結果を，仮定されない場合には「等分散を仮定しない」の検定結果を見る．

独立サンプルの検定

		等分散性のためのLeveneの検定		2つの母平均の差の検定						
		F値	有意確率	t値	自由度	有意確率（両側）	平均値の差	差の標準誤差	差の95% 信頼区間	
									下限	上限
結果	等分散を仮定する．	.310	.584	3.162	18	.005	2.00000	.63246	.67126	3.32874
	等分散を仮定しない．			3.162	17.780	.005	2.00000	.63246	.67008	3.32992

- この場合，F値が有意ではないので等分散が仮定される．
- 自由度18でt値は3.16．1％水準で有意．
- 結果を記述する際には，「$t(18)=3.16, p<.01$」と書く．

なお，t値がプラスであるかマイナスであるかはたいして意味はない．レポートに記述する時には絶対値を書けばよい．

3-4 対応のある t 検定

　10名に対してある授業を行った前と後にテストを行い，成績を算出した．授業前後で成績が伸びているといえるか．

```
授業前  1 3 4 1 7 2 5 7 5 1
授業後  2 5 9 9 9 5 5 5 9 2
```

■データの型の指定と入力

- SPSS データエディタの［変数ビュー］を開く．
  - ➤ 1番目の変数の名前に **授業前**，2番目の変数の名前に **授業後** と入力．
  - ➤ 型は **数値**，幅・小数桁数・ラベル・値はデフォルトのままでよい．
  - ➤ 両変数とも測定は **スケール** にしておく．
- ［データビュー］を開き，**授業前**と**授業後**のデータを入力する．
  - ➤ **対応のあるデータ**とは，一人の人間に複数回の実験や調査を行うなどして集められたデータである．したがって，データの入力の仕方が対応のない場合（p.50～51）と異なるので注意する．

	授業前	授業後
1	1.00	2.00
2	3.00	5.00
3	4.00	9.00
4	1.00	9.00
5	7.00	9.00
6	2.00	5.00
7	5.00	5.00
8	7.00	5.00
9	5.00	9.00
10	1.00	2.00

■対応のある t 検定

- ［分析(A)］ ⇒ ［平均の比較(M)］ ⇒ ［対応のあるサンプルのT検定(P)］を選択する．
- 授業前 と 授業後 をクリックする．
  - ➤ 現在の選択 欄に表示される．
- ▶ をクリック，OK をクリックで結果が表示される．
- 対応サンプルの**統計量**，対応サンプルの**相関係数**，対応サンプルの**検定結果**が表示される．

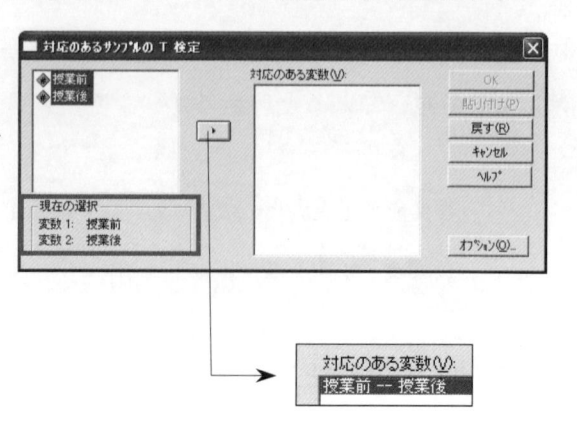

［出力結果］

対応サンプルの統計量

		平均値	N	標準偏差	平均値の標準誤差
ペア1	授業前	3.6000	10	2.36643	.74833
	授業後	6.0000	10	2.82843	.89443

対応サンプルの相関係数

		N	相関係数	有意確率
ペア1	授業前 & 授業後	10	.432	.213

対応サンプルの検定

		対応サンプルの差					t値	自由度	有意確率(両側)
		平均値	標準偏差	平均値の標準誤差	差の95%信頼区間 下限	上限			
ペア1	授業前 − 授業後	−2.40000	2.79682	.88443	−4.40073	−.39927	−2.714	9	.024

- 結果は，自由度9で t 値は 2.71，5％水準で有意である．
- 結果を記述する際には，「$\underline{t(9)=2.71, p<.05}$」と書く．

　t 値がプラスであるかマイナスであるかはたいして意味はない．レポートに記述する時には絶対値を書けばよい．

第3章 演習問題

ある性格検査を男性 15 名，女性 15 名に実施した．男女で得点に差があるといえるかどうかを検討しなさい．男性を 1，女性を 0 とする． （解答は，p.56）

性別	性格検査得点
1	108
1	86
1	86
1	82
1	96
1	90
1	103
1	105
1	95
1	89
1	110
1	91
1	83
1	93
1	95
0	84
0	86
0	87
0	100
0	83
0	71
0	77
0	95
0	75
0	86
0	80
0	96
0	80
0	100
0	83

[第3章　演習問題(p.55)　解答]

このケースは，対応のない t 検定を用いる．

グループ統計量

	性別	N	平均値	標準偏差	平均値の標準誤差
性格検査得点	男性	15	94.13	8.879	2.293
	女性	15	85.53	8.831	2.280

独立サンプルの検定

		等分散性のためのLeveneの検定		2つの母平均の差の検定						
		F値	有意確率	t値	自由度	有意確率(両側)	平均値の差	差の標準誤差	差の95%信頼区間	
									下限	上限
性格検査得点	等分散を仮定する。	.016	.899	2.660	28	.013	8.60	3.233	1.977	15.223
	等分散を仮定しない。			2.660	27.999	.013	8.60	3.233	1.977	15.223

結果から，$t(28)=2.66$, $p<.05$ で，男性の得点が女性の得点に比べて有意に高いといえる．

第4章
分散分析

3変数以上の相違の検討

Section 1 分散分析とは

2つの平均値の相違を検討するには t 検定を用いるが，3つ以上の平均値の相違を検討する場合には**分散分析**（ANOVA; analysis of variance）を用いる．

分散分析は2つ以上の変数間の相違を，全体的または同時に，さらに変数を組み合わせて検討することができる．また全体的な相違が認められた場合に，どこに相違があるのかも検討することが可能である．

1-1 要因配置

分散分析では，独立変数と従属変数を設定する．

- **独立変数**……あらかじめ設定する条件．
- **従属変数**……測定されるものや独立変数の影響を受けて変化するもの．

本来，分散分析は，実験計画法における結果の処理に位置づけられる．たとえば，「明るい照明の部屋と暗い照明の部屋では作業量が異なる」という仮説では，部屋の照明が独立変数，作業量が従属変数となる．

《要因》と《水準》
- 独立変数が1つのとき**1要因**，2つのとき**2要因**，3つのとき**3要因**という．
- 1つの独立変数の中にカテゴリーが2つある時に**2水準**，3つある時に**3水準**という．

たとえばJ学部4学科の所属を独立変数として，何かの量的変数を比較する際には，「**1要因4水準の分散分析**」を行うことになる．

1-2　分散分析のデザイン

要因数	各処理水準のデータの対応の有無			備　考
	要因A	要因B	要因C	
1要因	対応なし	-----	-----	被験者間要因
	対応あり	-----	-----	被験者内要因
2要因	対応なし	対応なし	-----	被験者間要因×被験者間要因
	対応なし	対応あり	-----	被験者間要因×被験者内要因
	対応あり	対応あり	-----	被験者内要因×被験者内要因
3要因	対応なし	対応なし	対応なし	被験者間要因×被験者間要因×被験者間要因
	対応なし	対応なし	対応あり	被験者間要因×被験者間要因×被験者内要因
	対応なし	対応あり	対応あり	被験者間要因×被験者内要因×被験者内要因
	対応あり	対応あり	対応あり	被験者内要因×被験者内要因×被験者内要因

■ 1要因の分散分析（一元配置の分散分析）

要因A	条件1	条件2	条件3
得点	X1	X2	X3

- 要因A：対応なし（被験者間要因）

　　　　（例）被験者をランダムに3つの条件に振り分け，実験を行い，得点を比較する．

- 要因A：対応あり（被験者内要因）

　　　　（例）すべての被験者に対して3つの異なる授業方法によって授業を行い，テストの結果を比較する．

　ただしこのような場合，授業の順序の効果を相殺するため，被験者によって3つの授業を行う順序を変え，**カウンターバランス**をとる必要がある．以下，被験者内要因については同じことがいえる．

■2要因の分散分析(二元配置の分散分析)

要因A	条件1		条件2	
要因B	条件1	条件2	条件1	条件2
得点	X1	X2	X3	X4

- 要因A:対応なし(被験者間要因),要因B:対応なし(被験者間要因)

  > (例)中学校と高校でパーソナリティ検査を実施し,男女と学校段階で
  > パーソナリティ検査の得点を比較する.

- 要因A:対応なし(被験者間要因),要因B:対応あり(被験者内要因)

  ➢ 「2要因混合計画の分散分析」ともいう.

  > (例)男性と女性の被験者全員に明るい部屋と暗い部屋で作業をしてもらい,
  > 性別と部屋の明るさの要因で作業量にどのような違いが生じるのかを
  > 比較する.

- 要因A:対応あり(被験者内要因),要因B:対応あり(被験者内要因)

  > (例)被験者全員が明るい部屋と暗い部屋,静かな部屋と騒がしい部屋で作業を
  > 行い(全員が,明るく静か,暗く静か,明るく騒がしい,暗く騒がしいの
  > 4つの場所を経験する),作業量に差が生じるのかを検討する.

■ 3要因の分散分析（三元配置の分散分析）

要因A	条件1				条件2			
要因B	条件1		条件2		条件1		条件2	
要因C	条件1	条件2	条件1	条件2	条件1	条件2	条件1	条件2
得点	X1	X2	X3	X4	X5	X6	X7	X8

- 要因A：対応なし（被験者間要因），要因B：対応なし（被験者間要因），要因C：対応なし（被験者間要因）

    (例) 中学生と高校生男女に友人数とパーソナリティテストを行った．報告された友人数によって，被調査者を友人が多い群と少ない群に分け，学校と性別，友人数の多さの各要因によってパーソナリティ検査の結果を比較する．

- 要因A：対応なし（被験者間要因），要因B：対応なし（被験者間要因），要因C：対応あり（被験者内要因）
  > 「3要因混合計画の分散分析」ともいう．

    (例) 2歳児と3歳児の男女に対して，母親が近くにいる時といない時の課題に対する反応速度を調べた．年齢と性別，母親が［いる・いない］によって，反応速度に差が生じるかを検討する．

- 要因A：対応なし（被験者間要因），要因B：対応あり（被験者内要因），要因C：対応あり（被験者内要因）
  > 「3要因混合計画の分散分析」ともいう．

    (例) 2歳児男女に対して，母親と父親がそれぞれ近くにいる時といない時の課題に対する反応速度を調べた．性別と，［母親・父親］が［いる・いない］（母親だけ，父親だけ，両親とも，両方いない）によって，反応速度に差が生じるかを検討する．

- 要因A：対応あり（被験者内要因），要因B：対応あり（被験者内要因），要因C：対応あり（被験者内要因）

    (例) 2歳児に対して，母親と父親と見知らぬ人がそれぞれ近くにいる時といない時の課題に対する反応速度を調べた．性別と，［母親・父親・見知らぬ人］が［いる・いない］（母親だけ，父親だけ，見知らぬ人だけ，母と父，母と見知らぬ人，父と見知らぬ人，3人とも，誰もいない　の8つの条件をくり返す）によって，反応速度に差が生じるかを検討する．

1-3 多重比較

分散分析は「全体として群間に差があるかどうか」を検定するものであり，どの群とどの群に差があるのかを示すものではない．

要因の水準が3つ以上あり，分散分析の検定結果が有意である場合には，**多重比較**という手続きを行い，どの群とどの群に差があるのかを明らかにする．

- ある実験で，3つの条件を設定してデータを収集したとする．
    - これは条件1・条件2・条件3という「1要因3水準」の実験である．
    - 実験で設定された3つの水準が1つのセット（要因）となっているので，条件1と条件2，条件1と条件3，条件2と条件3という3回の t 検定を行ってはいけない．
    - このような時には，まず分散分析を行い，検定結果が有意である場合に多重比較を行うことによって，3つの条件のどこに差があるのかを確かめる．

多重比較には2つのタイプがある．

> (1) **先験的比較（計画比較）**
> - 比較したい平均値の対が実験前に指定されている場合に用いる．
> - たとえば，複数の実験条件と統制群との相違だけに関心がある場合．
> - Dunn 法や Dunnett 法などがある．
>
> (2) **事後比較**
> - 前もって特定の水準間の差に関心があるわけではない場合に用いる．
> - 主効果が有意である時に，有意差の認められる水準をすべて検出する目的で用いる．まず全体としてどこかに差があるかを検討し，その後でどこに差があるのかを検討する．
> - Tukey 法（Tukey の HSD 法），LSD 法，Ryan 法，Duncan 法などの手法がある．

前もって明確な仮説がない場合には，「(2) 事後比較」を行う．

Section 2　1要因の分散分析

2-1　1要因の分散分析（被験者間計画）

15人の被験者を5人ずつ3つの条件にランダムに振り分け，次のようなデータを得た．条件によって平均値が異なるかどうかを検定したい．

条件1	条件2	条件3
3	6	12
5	5	7
2	9	9
4	8	10
8	7	8

■データの型の指定と入力

- SPSSデータエディタの［変数ビュー］を開く．
    - 1番目の変数の名前に **条件**，
      2番目の変数の名前に **データ**．
    - 条件の測定の部分を **名義** に．
- ［データビュー］を開き，対応する条件と数値を入力．

入力の状態は右のとおり

	条件	データ
1	1.00	3.00
2	1.00	5.00
3	1.00	2.00
4	1.00	4.00
5	1.00	8.00
6	2.00	6.00
7	2.00	5.00
8	2.00	9.00
9	2.00	8.00
10	2.00	7.00
11	3.00	12.00
12	3.00	7.00
13	3.00	9.00
14	3.00	10.00
15	3.00	8.00

■1要因の分散分析(被験者間計画)

- ［分析(A)］メニュー ⇒ ［平均の比較(M)］ ⇒ ［一元配置分散分析(O)］ を選択．
  - ［従属変数リスト(E):］に **データ** を指定．
  - ［因子(F):］に **条件** を指定．

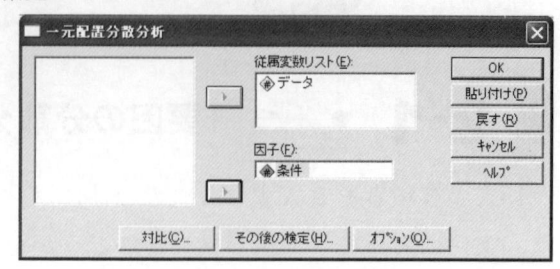

  - その後の検定(H) をクリック．
    - ［Tukey(T)］にチェックを入れる．
    - 続行 をクリック．

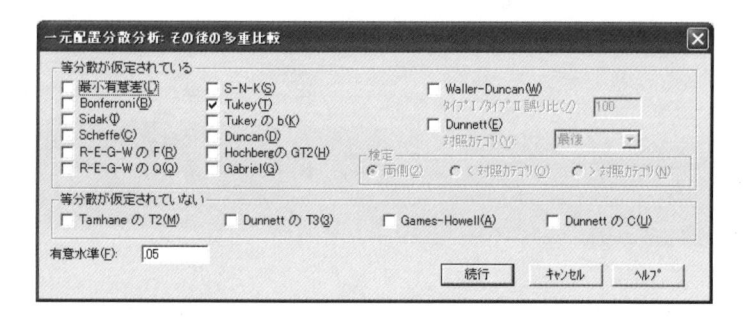

  オプション(O) で［記述統計量(D)］にチェックを入れると平均値等を出力することができ，［平均値のプロット(M)］にチェックを入れると簡単なグラフを描くことができる．

- OK をクリック．

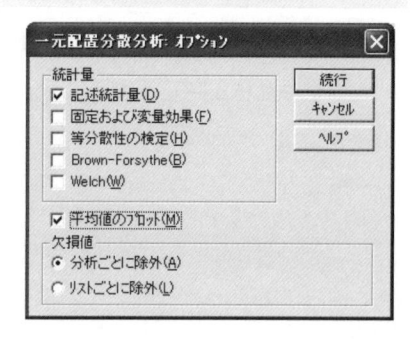

■ 出力の見方

(1) 分散分析表

分散分析

データ

	平方和	自由度	平均平方	F 値	有意確率
グループ間	57.733	2	28.867	7.530	.008
グループ内	46.000	12	3.833		
合計	103.733	14			

- これは，3つの条件におけるデータの値に差があるか否かを検定した結果である．
- 「**全体の平方和**」を，「**グループ間**」（要因で説明できる部分）と「**グループ内**」（要因では説明できない部分，誤差）に分解している．
- 分散分析の結果は…自由度(2,12)のF値が7.53，1％水準で有意である．
- 論文やレポートでの記述の仕方は……$F(2,12)=7.53, p<.01$

(2) 多重比較

多重比較

従属変数: データ
Tukey HSD

(I) 条件	(J) 条件	平均値の差 (I-J)	標準誤差	有意確率	95% 信頼区間	
					下限	上限
1.00	2.00	-2.60000	1.23828	.132	-5.9036	.7036
	3.00	-4.80000*	1.23828	.006	-8.1036	-1.4964
2.00	1.00	2.60000	1.23828	.132	-.7036	5.9036
	3.00	-2.20000	1.23828	.219	-5.5036	1.1036
3.00	1.00	4.80000*	1.23828	.006	1.4964	8.1036
	2.00	2.20000	1.23828	.219	-1.1036	5.5036

*. 平均の差は .05 で有意

- Tukey法（TukeyのHSD法）による多重比較の結果が出力される．
- 上記の例では，条件1と条件3との差が，1％水準で有意である．

2-2 ● 1要因の分散分析(被験者内計画)

6名の実験協力者に対してミュラー・リヤーの錯視実験を行った．矢羽の角度を30度，60度，90度，120度とした4つの条件を設け，6名の実験協力者はくり返し4つの条件の試行を行った．実験では，2つの図形の線分の長さが等しいと判断した際の，2つの線分の長さの差を測定した．

角度によって錯視量に差があるかどうか，差があるかとすればどこにあるかを検定したい．

被験者	角度			
	30度	60度	90度	120度
1	43	38	35	32
2	23	20	14	9
3	37	33	26	26
4	33	29	21	19
5	42	33	27	20
6	35	30	22	24

<ミュラー・リヤーの錯視実験>
右のような2つの線分のうち一方を操作して，同じ長さに見えたところで，実際の長さとの間にどの程度のずれが生じているのかを測定する．
一般的には，矢羽（線分の両端にある線分）が長いほど，そして矢羽の角度が小さいほど錯視量が大きくなる．

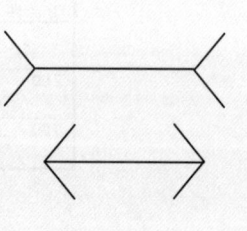

■データの型の指定と入力

- SPSSデータエディタの［変数ビュー］を開く．
    - 1番目の変数の名前に **被験者**，2番目以降の変数の名前に **r30, r60, r90, r120** と入力．

- ➢ それぞれのラベルの部分には，r30 ⇒ 30度，r60 ⇒ 60度，r90 ⇒ 90度，r120 ⇒ 120度と入力．
- ［データビュー］を開き，対応する数値を入力する．

	被験者	r30	r60	r90	r120
1	1.00	43.00	38.00	35.00	32.00
2	2.00	23.00	20.00	14.00	9.00
3	3.00	37.00	33.00	26.00	26.00
4	4.00	33.00	29.00	21.00	19.00
5	5.00	42.00	33.00	27.00	20.00
6	6.00	35.00	30.00	22.00	24.00

■1要因の分散分析（反復測定） (SPSS オプションの Advanced Models が必要)

- ［分析(A)］ ⇒ ［一般線型モデル(G)］ ⇒ ［反復測定(R)］ を選択．
  - ➢ ［被験者内因子名(W):］に 角度 と入力．
  - ➢ ［水準数(L):］には，4回反復測定を行っているので 4 と入力．
  - ➢ 追加(A) ，そして， 定義(F) をクリック．
- 次に，［被験者内変数(W)］へ，4つの角度を指定する．30度，60度，90度，120度を選択して ▶ をクリックすると，右の枠内に移動する．
- オプション(O) をクリックする．
  - ➢ ［平均値の表示(M):］ボックスに 角度を指定する（左側の枠内で角度を選択して ▶ をクリック）．
  - ➢ ［主効果の比較(O)］にチェックを入れ，［信頼区間の調整(N):］は Bonferroni を選択．
  - ➢ ［記述統計(K)］にチェックをいれておくと平均値等が出力される．
- 続行 をクリック．
  - ➢ なお， 作図(T) をクリックして変数を指定すると，簡単なグラフの出力もできる(p.69)．
- OK をクリックすれば，結果が出力される．

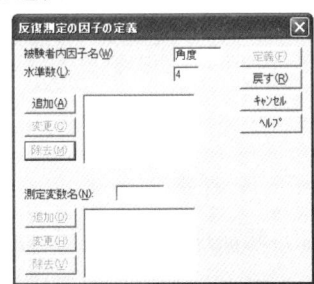

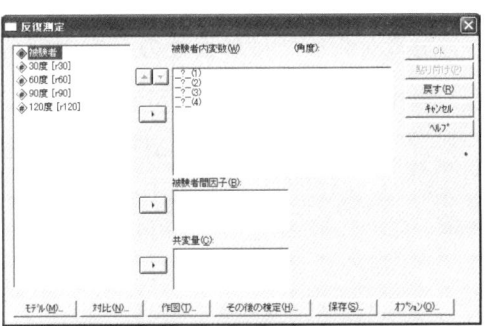

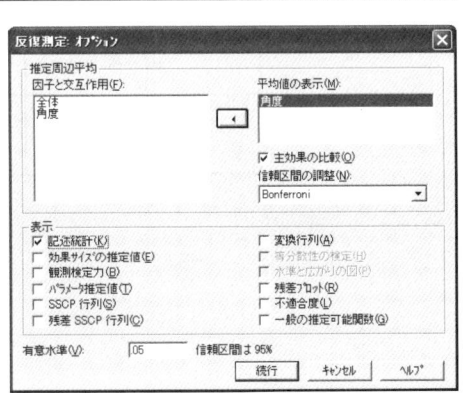

§2 1要因の分散分析

■出力の見方

(1) まず，平均の差の標準誤差が等しいか否かを検証するために，Mauchlyの球面性検定を見る．

Mauchly の球面性検定[b]

測定変数名: MEASURE_1

被験者内効果	Mauchly の W	近似カイ2乗	自由度	有意確率	イプシロン[a]		
					Greenhouse-Geisser	Huynh-Feldt	下限
角度	.308	4.381	5	.509	.588	.885	.333

正規直交した変換従属変数の誤差共分散行列が単位行列に比例するという帰無仮説を検定します．

a. 有意性の平均検定の自由度調整に使用できる可能性があります．修正した検定は，被験者内効果の検定テーブルに表示されます．
b. 計画: Intercept
   被験者内計画: 角度

(2) 球面性の仮定が棄却されなかった（有意確率が.509で有意ではなかった，つまり平均の差の標準誤差は等しかったことになる）ので，分散分析表では**球面性の仮定**の部分を見る．

角度の主効果は $\underline{F(3,15)=54.17}$で，<u>0.1%水準で有意</u>である．

- 球面性検定が有意である場合には，Greenhouse-Geisser もしくは Huynh-Feldt の検定結果を見る．

被験者内効果の検定

測定変数名: MEASURE_1

ソース		タイプ III 平方和	自由度	平均平方	F 値	有意確率
角度	球面性の仮定	703.792	3	234.597	54.173	.000
	Greenhouse-Geisser	703.792	1.764	398.869	54.173	.000
	Huynh-Feldt	703.792	2.654	265.190	54.173	.000
	下限	703.792	1.000	703.792	54.173	.001
誤差 (角度)	球面性の仮定	64.958	15	4.331		
	Greenhouse-Geisser	64.958	8.822	7.363		
	Huynh-Feldt	64.958	13.270	4.895		
	下限	64.958	5.000	12.992		

(3) オプション(O) で主効果の比較を指定したので，**平均値間の差の検定（Bonferroniの方法）**が出力される．90度と120度（3と4）との間以外のすべての角度間で，平均値の差は5％水準で有意である．

ペアごとの比較

測定変数名: MEASURE_1

(I) 角度	(J) 角度	平均値の差 (I-J)	標準誤差	有意確率[a]	差の 95% 信頼区間 下限	差の 95% 信頼区間 上限
1	2	5.000*	.856	.013	1.387	8.613
	3	11.333*	1.054	.001	6.886	15.781
	4	13.833*	1.740	.003	6.492	21.175
2	1	-5.000*	.856	.013	-8.613	-1.387
	3	6.333*	.760	.002	3.126	9.541
	4	8.833*	1.195	.004	3.792	13.875
3	1	-11.333*	1.054	.001	-15.781	-6.886
	2	-6.333*	.760	.002	-9.541	-3.126
	4	2.500	1.335	.721	-3.135	8.135
4	1	-13.833*	1.740	.003	-21.175	-6.492
	2	-8.833*	1.195	.004	-13.875	-3.792
	3	-2.500	1.335	.721	-8.135	3.135

推定周辺平均に基づいた
*. 平均値の差は .05 水準で有意です．
a. 多重比較の調整: Bonferroni．

- 作図(T) を指定しておくと，下のような図が出力される．

MEASURE_1 の推定周辺平均

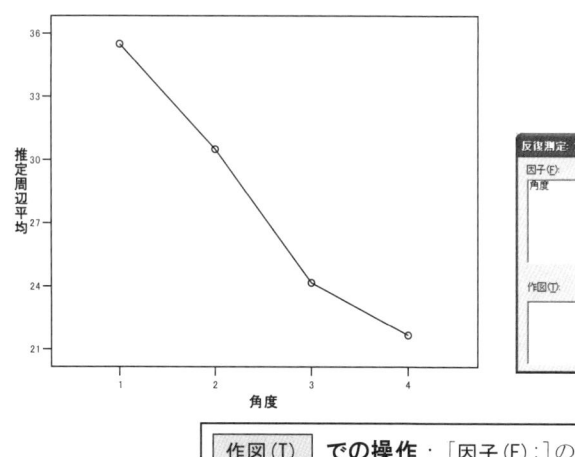

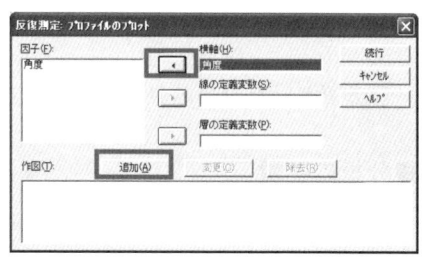

作図(T) での操作：[因子(F):]の角度を，[横軸(H)] に移動
⇒ 追加(A) をクリックして，[作図(T)] に移動

§2　1要因の分散分析　69

Section 3　2要因の分散分析 (1)

　ここでは，2つの独立変数におけるいくつかの水準の相違を検討する仮説を設定した際の分析方法である，**2要因の分散分析**について学ぶ.

　たとえば，性別と学年で性格検査の得点が異なるであろう，という検討を行う場合，性別と学年という2つの独立変数を組み合わせて仮説を設定することになる.

　2つの独立変数を組み合わせて仮説を設定し，ある1つの従属変数への影響（これを「効果」という）について検討する分散分析を，2要因の分散分析という.

3-1　主効果と交互作用

■主効果と交互作用

> **主効果**(main effect)とは
> - それぞれの独立変数がそれぞれ「独自」に従属変数へ与える単純効果のこと.
>
> **交互作用**(interaction)とは
> - 独立変数を組み合わせた場合の複合効果のこと.
> - 特定のセルにおいて要因Aの主効果と要因Bの主効果だけでは説明できない組み合わせ特有の効果がみられること.

◎2要因以上の分散分析では，交互作用の検討が重要なポイントとなる.

■分析の手順

> まず，2つの要因の**交互作用**を検証する.
> - 交互作用が認められたら，**単純主効果の検定**を行う.
>   ➢ 単純主効果の検定とは，たとえば要因Aと要因Bの交互作用が有意である時，要因Bのある水準での要因Aの主効果について，また要因Aのある水準での要因Bの主効果について分析を行うことである.

> - 単純主効果が有意である場合には，必要に応じて**多重比較**を行う．
- 交互作用が認められなかったら，**主効果**を検定する．
  > - 主効果が有意である場合には必要に応じて**多重比較**を行う．

たとえば……

中学生，高校生，大学生の男女に対して，あるテストを行ったところ，各学校段階と男女で次のような平均値を得た．

	中学	高校	大学
男性	65.02	60.19	89.89
女性	58.67	63.20	65.76

この平均値をグラフに描くと以下のようになる．

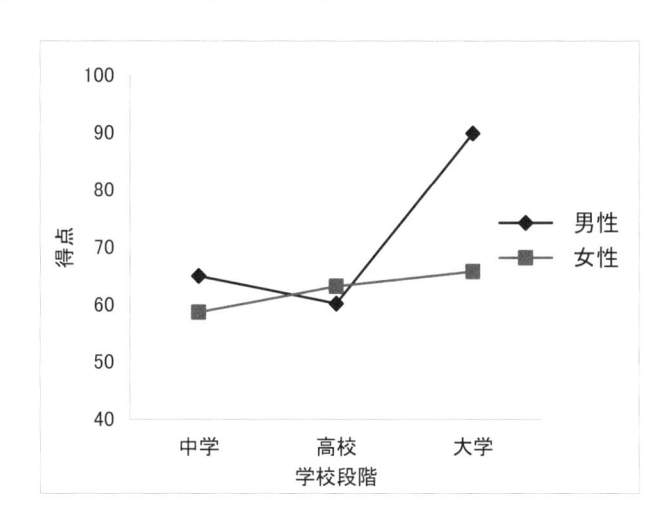

この場合，このテスト得点は性別だけ，学校段階だけの効果では説明ができない．学校段階と性別の「**組み合わせの効果**」がみられるということである．

このような場合に，交互作用の検討が重要な意味をもつ．

3-2 2要因の分散分析の実行

教授法と個人特性(対人積極性)が,テストの成績に及ぼす効果を検討したい.教授法として映像による授業(1)と黒板による授業(2)を別々の被験者に行った.また,対人積極性の尺度を実施し,その結果によって対人積極性が低い群(1),中程度の群(2),高い群(3)に分類した.授業と対人積極性による6つのグループ(各3名)のテスト結果は以下の通りであった(データは服部・海保[3],1996の数値を一部改変して使用).

		対人積極性		
		低(1)	中(2)	高(3)
教授法	映像(1)	41	18	20
		30	29	13
		20	9	19
	黒板(2)	18	20	40
		6	12	49
		29	31	31

	教授法	対人	テスト
1	1.00	1.00	41.00
2	1.00	1.00	30.00
3	1.00	1.00	20.00
4	1.00	2.00	18.00
5	1.00	2.00	29.00
6	1.00	2.00	9.00
7	1.00	3.00	20.00
8	1.00	3.00	13.00
9	1.00	3.00	19.00
10	2.00	1.00	18.00
11	2.00	1.00	6.00
12	2.00	1.00	29.00
13	2.00	2.00	20.00
14	2.00	2.00	12.00
15	2.00	2.00	31.00
16	2.00	3.00	40.00
17	2.00	3.00	49.00
18	2.00	3.00	31.00

■データの型の指定と入力

- SPSSデータエディタの[変数ビュー]を開く.
  - 1番目の変数の名前に **教授法**,2番目の変数の名前に **対人**,3番目の変数の名前に **テスト** と入力する.
  - **教授法**の値ラベルで,1を **映像**,2を **黒板** に指定する.
  - **対人**の値ラベルで,1を **低**,2を **中**,3を **高** に指定する.

	名前	型	幅	小数桁数	ラベル	値	欠損値	列	配置	測定
1	教授法	数値	8	2		{1.00, 映像}	なし	8	右	スケール
2	対人	数値	8	2		{1.00, 低…}	なし	8	右	スケール
3	テスト	数値	8	2		なし	なし	8	右	スケール

  - [データビュー]を開き,対応する条件と数値を入力する.

■2要因の分散分析(ともに被験者間要因)

- ［分析(A)］メニュー ⇒ ［一般線型モデル(G)］ ⇒ ［1変量(U)］ を選択.
    - 一般線型モデル ⇒ 1変量 は，主に被験者間の要因を分析するための方法である.
    - 分散分析のモデルを指定すれば被験者内要因についても分析できるが，その場合には，平均値の比較や単純主効果の検定において誤差項の選択が不適切になる場合がある.

  - テスト を ［従属変数(D):］ へ指定する.
  - 教授法 と 対人 を ［固定因子(F):］ へ指定する.

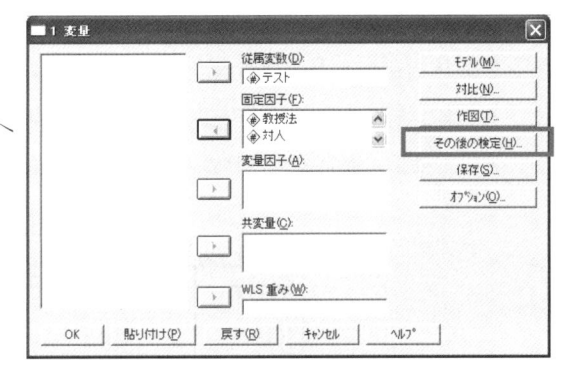

- ［その後の検定(H)］ ボタンをクリック.
  - 授業は映像と黒板の2水準，対人（対人積極性）は低・中・高の3水準である.

    2水準の場合は，主効果が有意であれば2つのうちどちらか平均値が高い方が低い方よりも有意に高いことになる．3水準以上の場合は，どことどこに差があるのか検討するために，多重比較を行う必要がある.

  - 対人 を ［その後の検定(P):］ に指定する.
  - ［Tukey(T)］ にチェックを入れる.
  - ［続行］ をクリック.
- ［OK］ をクリック.

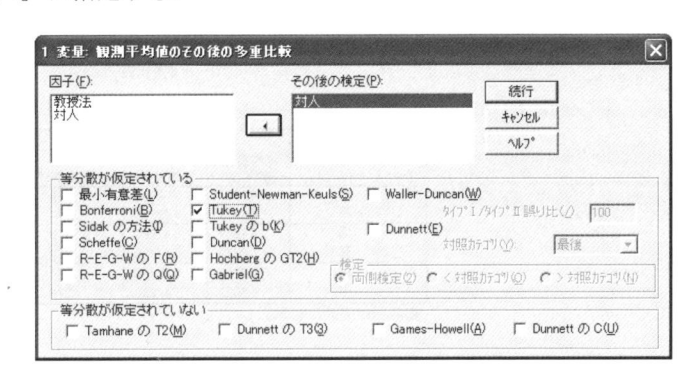

■出力の見方

(1) 被験者間因子

- 設定した2つの要因（教授法と対人積極性）と人数が示される．

被験者間因子		値ラベル	N
教授法	1.00	映像	9
	2.00	黒板	9
対人	1.00	低	6
	2.00	中	6
	3.00	高	6

(2) 被験者間効果の検定（分散分析の結果）

- まず，交互作用があるかどうかを見る．
- **教授法＊対人** の交互作用は，$F(2,12)=5.35$ であり，5％水準で有意である．
- 交互作用が有意なので，単純主効果の検定を行う．
  - もし交互作用が有意でなければ，主効果を見る．
  - 主効果も有意でなければ，「群間に有意な差が見られなかった」と判断する．

被験者間効果の検定

従属変数: テスト

ソース	タイプIII 平方和	自由度	平均平方	F値	有意確率
修正モデル	1253.833a	5	250.767	2.842	.064
切片	10512.500	1	10512.500	119.159	.000
教授法	76.056	1	76.056	.862	.371
対人	234.333	2	117.167	1.328	.301
教授法＊対人	943.444	2	471.722	5.347	.022
誤差	1058.667	12	88.222		
総和	12825.000	18			
修正総和	2312.500	17			

a. R^2乗 = .542（調整済みR^2乗 = .351）

(3) 多重比較

- 出力はしたが，この多重比較は「**交互作用が有意でなく**」かつ「**対人の主効果が有意な時**」にのみ見るものである．このデータでは**対人**の主効果が有意でないため，見る必要はないが，多重比較も有意ではない．

多重比較

従属変数: テスト
Tukey HSD

(I) 対人	(J) 対人	平均値の差 (I-J)	標準誤差	有意確率	95% 信頼区間 下限	95% 信頼区間 上限
低	中	4.1667	5.42286	.729	-10.3008	18.6341
	高	-4.6667	5.42286	.674	-19.1341	9.8008
中	低	-4.1667	5.42286	.729	-18.6341	10.3008
	高	-8.8333	5.42286	.272	-23.3008	5.6341
高	低	4.6667	5.42286	.674	-9.8008	19.1341
	中	8.8333	5.42286	.272	-5.6341	23.3008

観測された平均に基づく．

3-3 交互作用の分析(単純主効果の検定)

交互作用が有意である場合，たとえば要因Bのある水準での要因Aの主効果，要因Aのある水準での要因Bの主効果について分析することがある．これを**単純主効果の検定**という．

今回のデータの場合では，次の5つの単純主効果を考えることができる．

- 教授法が「映像」である時の対人積極性の単純主効果
- 教授法が「黒板」である時の対人積極性の単純主効果
- 対人積極性が低い者における教授法の単純主効果
- 対人積極性が中程度な者における教授法の単純主効果
- 対人積極性が高い者における教授法の単純主効果

■交互作用の分析(単純主効果の検定)

- 再度，[分析(A)] ⇒ [一般線型モデル(G)] ⇒ [1変量(U)] を選択．
  - [従属変数(D):]に テスト，[固定因子(F):]に 教授法，対人 を指定（p.73上図）．
  - オプション(O) をクリック．
    - [平均値の表示(M):]に 教授法，対人，教授法＊対人 を指定．
    - [主効果の比較(C)]をチェック．
    - [信頼区間の調整(N):]で，LSD，Bonferroni, Sidak から選択．
      今回はBonferroniを選択しておく．
    - 続行 をクリック．

- [1変量]のウィンドウに戻って……

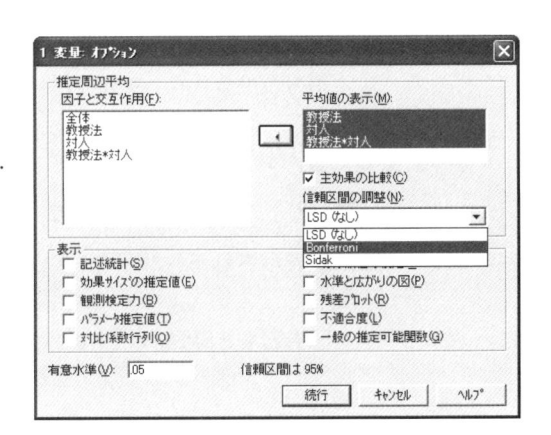

§3 2要因の分散分析(1)

➢ 貼り付け(P) をクリックすると，**シンタックス**が表示される．

♦ 下の★で示した行間の部分に……

```
UNIANOVA
  テスト  BY 教授法 対人
  /METHOD = SSTYPE(3)
  /INTERCEPT = INCLUDE
  /POSTHOC = 対人 ( TUKEY )
  /EMMEANS = TABLES(教授法) COMPARE ADJ(BONFERRONI)
  /EMMEANS = TABLES(対人) COMPARE ADJ(BONFERRONI)
★ /EMMEANS = TABLES(教授法*対人)
  /CRITERIA = ALPHA(.05)
  /DESIGN = 教授法 対人 教授法*対人 .
```

2行を追加して，以下のようにする．

```
UNIANOVA
  テスト  BY 教授法 対人
  /METHOD = SSTYPE(3)
  /INTERCEPT = INCLUDE
  /POSTHOC = 対人 ( TUKEY )
  /EMMEANS = TABLES(教授法) COMPARE ADJ(BONFERRONI)
  /EMMEANS = TABLES(対人) COMPARE ADJ(BONFERRONI)
  /EMMEANS = TABLES(教授法*対人)
★ /EMMEANS = TABLES(教授法*対人) COMPARE(教授法) ADJ(BONFERRONI)   ← これを追加
  /EMMEANS = TABLES(教授法*対人) COMPARE(対人) ADJ(BONFERRONI)
  /CRITERIA = ALPHA(.05)
  /DESIGN = 教授法 対人 教授法*対人 .
```

> AとBという2つの被験者間要因を設定した2要因の分散分析で交互作用が有意であり，単純主効果の分析を行うには，シンタックスを，次のように変更する．
>
> 　/EMMEANS=TABLES(A*B)　の行の下に
>
> 　/EMMEANS=TABLES(A*B) COMPARE(A) ADJ(BONFERRONI)
>
> 　/EMMEANS=TABLES(A*B) COMPARE(B) ADJ(BONFERRONI)
>
> 　の2行を追加．
>
> 出力の中の「＝1変量検定」に，単純主効果の検定結果が表示される（p.77）．

変更したら，シンタックスの

　[**実行(R)**] メニュー ⇒ [**すべて(A)**] で

　結果が表示される．

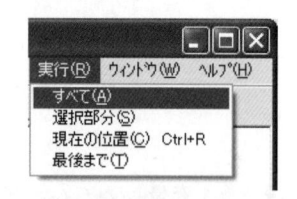

> ◎もともとSPSSは，メニューからコマンドを呼び出して分析を行うのではなく，このシンタックスのようにスクリプトをキーボードから入力して分析を行う統計パッケージであった．シンタックスを使いこなすことで，一連の結果を一度に表示したり，より複雑な分析を行ったりすることが可能になる．

■単純主効果の検定の出力

多くの出力が出てくるが……

(1) 対人積極性の各水準における教授法の単純主効果の検定に関する結果

- 対人積極性の3つの群（低・中・高）それぞれにおける，平均値の対についての検定（多重比較）が出力される．ただし2水準なので，単純主効果が有意であればどちらかが高いことになる．

ペアごとの比較

従属変数: テスト

対人	(I) 教授法	(J) 教授法	平均値の差 (I-J)	標準誤差	有意確率[a]	差の 95% 信頼区間[b] 下限	上限
低	映像	黒板	12.667	7.669	.125	-4.043	29.376
	黒板	映像	-12.667	7.669	.125	-29.376	4.043
中	映像	黒板	-2.333	7.669	.766	-19.043	14.376
	黒板	映像	2.333	7.669	.766	-14.376	19.043
高	映像	黒板	-22.667*	7.669	.012	-39.376	-5.957
	黒板	映像	22.667*	7.669	.012	5.957	39.376

推定周辺平均に基づいた

*. 平均値の差は .05 水準で有意です．

a. 多重比較の調整: Bonferroni.

- 次に，対人積極性の各水準の単純主効果の検定結果が出力される．
  - 対人積極性が高い群において，教授法の単純主効果が有意（$F(1,12)=8.74, p<.05$）．

=1変量検定

従属変数: テスト

対人		平方和	自由度	平均平方	F 値	有意確率
低	対比	240.667	1	240.667	2.728	.125
	誤差	1058.667	12	88.222		
中	対比	8.167	1	8.167	.093	.766
	誤差	1058.667	12	88.222		
高	対比	770.667	1	770.667	8.736	.012
	誤差	1058.667	12	88.222		

F 値は 教授法 の多変量効果を検定します．この検定は推定周辺平均間で線型に独立したペアごとの比較に基づいています．

(2) 教授法の各水準における対人積極性の単純主効果の検定に関する結果
- 教授法の各水準（映像，黒板）それぞれにおける，平均値の対についての検定（多重比較）が出力される．**黒板**において，**低**と**高**の間に5％水準で有意な差がみられる．

ペアごとの比較

従属変数: テスト

教授法	(I) 対人	(J) 対人	平均値の差 (I-J)	標準誤差	有意確率a	差の 95% 信頼区間 下限	上限
映像	低	中	11.667	7.669	.462	-9.649	32.983
		高	13.000	7.669	.347	-8.316	34.316
	中	低	-11.667	7.669	.462	-32.983	9.649
		高	1.333	7.669	1.000	-19.983	22.649
	高	低	-13.000	7.669	.347	-34.316	8.316
		中	-1.333	7.669	1.000	-22.649	19.983
黒板	低	中	-3.333	7.669	1.000	-24.649	17.983
		高	-22.333*	7.669	.039	-43.649	-1.017
	中	低	3.333	7.669	1.000	-17.983	24.649
		高	-19.000	7.669	.087	-40.316	2.316
	高	低	22.333*	7.669	.039	1.017	43.649
		中	19.000	7.669	.087	-2.316	40.316

推定周辺平均に基づいた
*. 平均値の差は .05 水準で有意です．
a. 多重比較の調整: Bonferroni.

- 次に，教授法の水準ごとの単純主効果に関する検定結果が表示される．
  - 黒板による教授法において，対人積極性の単純主効果が有意（$F(2,12)=4.94, p<.05$）である．

=1変量検定

従属変数: テスト

教授法		平方和	自由度	平均平方	F 値	有意確率
映像	対比	306.889	2	153.444	1.739	.217
	誤差	1058.667	12	88.222		
黒板	対比	870.889	2	435.444	4.936	.027
	誤差	1058.667	12	88.222		

F 値は 対人 の多変量効果を検定します．この検定は推定周辺平均間で線型に独立したペアごとの比較に基づいています．

■どういうこと？

- 今回の結果を平均値として表に表すと，右のようになる．
- これをグラフに表すと，以下のようになる．

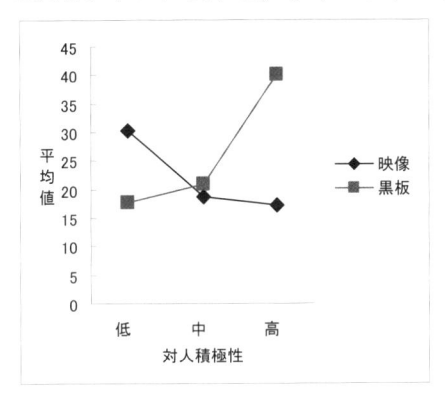

		教授法	
		映像	黒板
対人積極性	低	30.33	17.67
	中	18.67	21.00
	高	17.33	40.00

- 教授法のみ，対人積極性のみでは，テストの得点を説明できないので，<u>交互作用が有意であった</u>．
- <u>交互作用が有意であった</u>ので，**単純主効果の検定**を行った．その結果……
  - 対人積極性が高い者において，<u>教授法の単純主効果が有意</u>であった．
    - 対人積極性が高い者は，<u>映像の授業よりも黒板の授業によってテスト得点が高くなる</u>ことがわかった．
  - 黒板の教授法において，<u>対人積極性の単純主効果が有意</u>であった．
    - 黒板の授業において，<u>対人積極性が低い者よりも高い者の方がテスト得点が高くなる</u>ことがわかった．
- 黒板の授業では，教師と生徒とのコミュニケーションが大きな要素となるため，対人積極性によってテスト得点に差が生じるのではないかと考えられる．

◎適性処遇交互作用(Aptitude-Treatment Interaction; ATI)

> 学習の成果や動機づけなどに対して，講義のしかたや教材の内容，教材の提示のしかたといった教授法（これを処遇という）と，学習者がもつ適性（知能や学力のみならず，性格や興味といったより広い個人特性も含まれる）との間に交互作用がみられることをいう．

Section 4　2要因の分散分析(2)

4-1　2要因の分散分析(混合計画)

　男女5名ずつに木曜日から日曜日までの4日間，毎日その日に起きたできごとのよさを評定してもらい，以下のようなデータを得た．性別と曜日でできごとのよさの認知に差があるのかどうかを検討したい．

		曜日			
		木曜	金曜	土曜	日曜
男性		8	7	8	7
		10	11	7	8
		7	8	8	8
		9	11	11	9
		11	9	10	11
女性		8	9	11	10
		8	8	11	13
		6	9	11	13
		8	10	9	12
		10	12	13	14

- 独立変数は性別（**被験者間要因**）と曜日（**被験者内要因**）である．
- 各被調査者は4日間，同じ質問項目をくり返し評定している．

■データの型の指定と入力

- SPSS データエディタの [変数ビュー] を開く.
  - 1番目の変数の名前に **性別**, 2番目の変数の名前に **木曜日**, 3番目の変数の名前に **金曜日**, 4番目に **土曜日**, 5番目に **日曜日** と入力.
  - 性別の値ラベルで, 1 を **男性**, 2 を **女性** に指定.
- [データビュー] を開き, 対応する数値を入力.

	性別	木曜日	金曜日	土曜日	日曜日
1	1.00	8.00	7.00	8.00	7.00
2	1.00	10.00	11.00	7.00	8.00
3	1.00	7.00	8.00	8.00	8.00
4	1.00	9.00	11.00	11.00	9.00
5	1.00	11.00	9.00	10.00	11.00
6	2.00	8.00	9.00	11.00	10.00
7	2.00	8.00	8.00	11.00	13.00
8	2.00	6.00	9.00	11.00	13.00
9	2.00	8.00	10.00	9.00	12.00
10	2.00	10.00	12.00	13.00	14.00

■2要因混合計画の分散分析 (SPSS オプションの Advanced Models が必要)

- [分析(A)] ⇒ [一般線型モデル(G)] ⇒ [反復測定(R)]
- [反復測定の因子の定義] ウィンドウ (p.67)
  - 4日間回答しているので, [水準数(L):] は 4, [被験者内因子名(W):] には 曜日 と入力.
  - 追加(A) をクリック.
  - 定義(F) をクリック.
- [反復測定] ウィンドウ
  - [被験者間因子(B):] に, **性別** を指定.
  - [被験者内変数(W)] に, **木曜日, 金曜日, 土曜日, 日曜日** を指定.

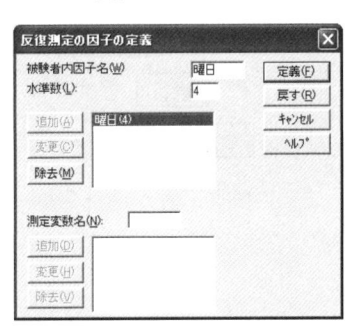

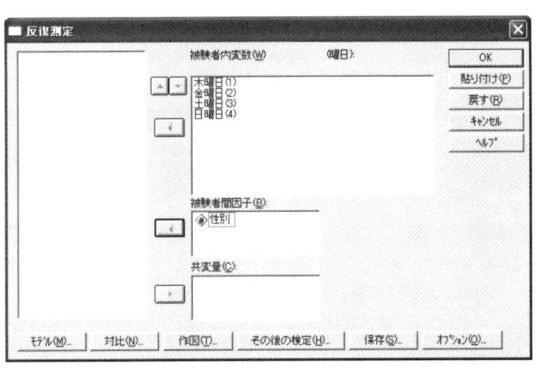

§4 2要因の分散分析(2)

- ➢ その後の検定(H) について
    - ◆ 被験者間要因が3水準以上ある場合には，その後の検定(H) をクリックし，該当する被験者間因子を指定する（⇒p.73）．
- ➢ オプション(O) をクリック．
    - ◆ [平均値の表示(M):]に，性別 と 曜日 を指定する．
    - ◆ [主効果の比較(O)]にチェックを入れる．
    - ◆ [信頼区間の調整(N):]は Bonferroni．
    - ◆ 続行 をクリック．
- ➢ 図も出力してみよう．
    - ◆ 作図(T) をクリック．
        - ∗ [横軸 (H):]に，曜日 を指定．
        - ∗ [線の定義変数(S):]に，性別 を指定する．
        - ∗ 追加(A) をクリック．
    - ◆ 続行 をクリック．
- ➢ OK をクリックして，結果が出力される．

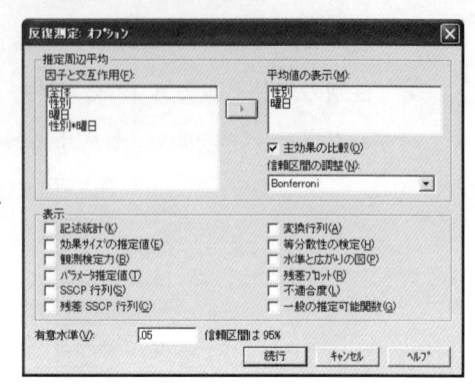

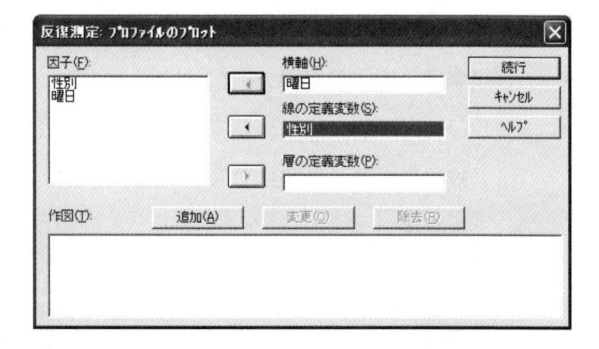

■出力の見方

- 球面性検定が有意になっていないことを確認する．
  - 有意である場合，Greenhouse-Geisser もしくは Huynh-Feldt の検定結果を見る．
- 曜日と性別の交互作用が1％水準で有意：$F(3,24)=8.38, p<.01$
- 曜日の主効果は1％水準で有意：$F(3,24)=5.47, p<.01$

被験者内効果の検定

測定変数名: MEASURE_1

ソース		タイプ III 平方和	自由度	平均平方	F 値	有意確率
曜日	球面性の仮定	21.475	3	7.158	5.471	.005
	Greenhouse-Geisser	21.475	2.619	8.199	5.471	.008
	Huynh-Feldt	21.475	3.000	7.158	5.471	.005
	下限	21.475	1.000	21.475	5.471	.047
曜日 x 性別	球面性の仮定	32.875	3	10.958	8.376	.001
	Greenhouse-Geisser	32.875	2.619	12.552	8.376	.001
	Huynh-Feldt	32.875	3.000	10.958	8.376	.001
	下限	32.875	1.000	32.875	8.376	.020
誤差（曜日）	球面性の仮定	31.400	24	1.308		
	Greenhouse-Geisser	31.400	20.953	1.499		
	Huynh-Feldt	31.400	24.000	1.308		
	下限	31.400	8.000	3.925		

- 性別の主効果はみられない：$F(1,8)=3.18, n.s.$
  - 混合計画の分散分析では，被験者間と被験者内で，用いる誤差が異なる．

被験者間効果の検定

測定変数名: MEASURE_1
変換変数: 平均

ソース	タイプ III 平方和	自由度	平均平方	F 値	有意確率
切片	3667.225	1	3667.225	640.563	.000
性別	18.225	1	18.225	3.183	.112
誤差	45.800	8	5.725		

- オプション(O) で主効果の比較を指定したので，結果が出力される．

ペアごとの比較

測定変数名: MEASURE_1

(I) 性別	(J) 性別	平均値の差 (I-J)	標準誤差	有意確率[a]	差の 95% 信頼区間	
					下限	上限
男性	女性	-1.350	.757	.112	-3.095	.395
女性	男性	1.350	.757	.112	-.395	3.095

推定周辺平均に基づいた
a. 多重比較の調整: Bonferroni.

ペアごとの比較

測定変数名: MEASURE_1

(I) 曜日	(J) 曜日	平均値の差 (I-J)	標準誤差	有意確率[a]	差の 95% 信頼区間[a] 下限	上限
1	2	-.900	.447	.474	-2.456	.656
	3	-1.400	.534	.183	-3.257	.457
	4	-2.000*	.480	.019	-3.668	-.332
2	1	.900	.447	.474	-.656	2.456
	3	-.500	.574	1.000	-2.498	1.498
	4	-1.100	.570	.539	-3.083	.883
3	1	1.400	.534	.183	-.457	3.257
	2	.500	.574	1.000	-1.498	2.498
	4	-.600	.447	1.000	-2.156	.956
4	1	2.000*	.480	.019	.332	3.668
	2	1.100	.570	.539	-.883	3.083
	3	.600	.447	1.000	-.956	2.156

推定周辺平均に基づいた
*. 平均値の差は .05 水準で有意です.
a. 多重比較の調整: Bonferroni.

- 作図(T) の指定をしたので，推定周辺平均のグラフが出力される．
  - 男性（1）は曜日によってあまり差がないが，女性（2）は木，金，土，日と増加する傾向にある．このような関係にあるので，交互作用が有意になる．

MEASURE_1 の推定周辺平均

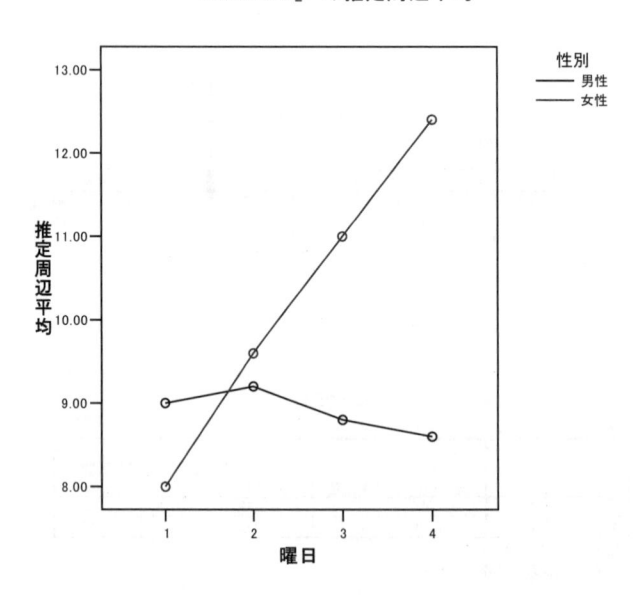

[グラフ: 縦軸「推定周辺平均」（8.00〜13.00），横軸「曜日」（1〜4），凡例「性別：男性，女性」]

■**交互作用の分析**

交互作用が有意であるので，単純主効果の検定を行う．

ただし2要因混合計画における単純主効果の検定については，ここでは詳しく扱わない．巻末に示した資料を参照してほしい．

4-2 ● 3要因の分散分析

◎3要因の場合はどうなる？

A,B,Cの3つの要因が独立変数となった3要因の分散分析を行う手順は以下の通りである．

- 3要因を含めた分散分析を行う．
- 2次の交互作用（A×B×C）が有意の場合
  - <u>単純交互作用</u>の分析を行う．
    - Aのある水準におけるB×Cの**単純交互作用**が有意である時……
      - AとBの特定の水準における要因Cの**単純・単純主効果**の検定．
      - AとCの特定の水準における要因Bの**単純・単純主効果**の検定．
      - 単純・単純主効果が有意な場合には必要に応じて**多重比較**を行う．
    - Bのある水準におけるA×Cの**単純交互作用**が有意である時……
      - BとAの特定の水準における要因Cの**単純・単純主効果**の検定．
      - BとCの特定の水準における要因Aの**単純・単純主効果**の検定．
      - 単純・単純主効果が有意な場合には必要に応じて**多重比較**を行う．
    - Cのある水準におけるA×Bの**単純交互作用**が有意である時……
      - CとAの特定の水準における要因Bの**単純・単純主効果**の検定．
      - CとBの特定の水準における要因Aの**単純・単純主効果**の検定．
      - 単純・単純主効果が有意な場合には必要に応じて**多重比較**を行う．

- 2次の交互作用（A×B×C）が有意ではなく，1次の交互作用（A×B, A×C, B×C）のいずれかが有意である場合
  - **単純主効果**の検定を行う
    - A×Bの**交互作用**が有意である時……
      - Aのある水準におけるBの**単純主効果**の検定．
      - Bのある水準におけるAの**単純主効果**の検定．
      - 単純主効果が有意な場合には必要に応じて**多重比較**を行う．
    - A×Cの**交互作用**が有意である時……
      - Aのある水準におけるCの**単純主効果**の検定．
      - Cのある水準におけるAの**単純主効果**の検定．
      - 単純主効果が有意な場合には必要に応じて**多重比較**を行う．
    - B×Cの**交互作用**が有意である時……
      - Bのある水準におけるCの**単純主効果**の検定．
      - Cのある水準におけるBの**単純主効果**の検定．
      - 単純主効果が有意な場合には必要に応じて**多重比較**を行う．

- いずれの交互作用（A×B×C, A×B, A×C, B×C）も有意ではない場合
  - A,B,Cの**主効果**の検定結果を見る．
    - いずれかの主効果が有意である時……
      - 必要に応じて**多重比較**を行う．
    - いずれの主効果も有意ではない時……
      - 「差はみられない」という結論になる．

第4章　演習問題(1)

ある自動車会社は A (1), B (2), C (3), D (4) という4つの車種を販売している．各車種につき10台を用意し，実際に道路を走り，燃費を計算した．4つの車種で燃費に違いがあるかどうか，もし違いがあるのであればどの車種とどの車種との間に違いがあるのかを調べなさい．　（解答は，p.104）

燃費(km/ℓ)

車種1	車種2	車種3	車種4
6.88	10.35	6.84	11.32
5.27	8.99	14.82	16.12
5.79	10.38	11.58	9.82
9.62	9.60	12.74	17.39
7.35	6.65	13.72	14.66
4.09	6.08	9.62	13.82
9.09	7.45	8.68	10.86
7.76	5.11	12.67	11.85
5.40	5.55	14.99	10.23
4.07	7.32	8.97	11.73

第4章 演習問題(2)

A学部の学生10名とB学部の学生10名それぞれをランダムに5名ずつ振り分け，講義形式の授業とゼミ形式の授業を行い，試験を行った．
そして，以下のような試験結果が得られた．学部間，授業形式間で試験結果に差が生じるか否かを，分散分析によって検討しなさい．　　　　　（解答は，p.104）

A学部		B学部	
講義形式	ゼミ形式	講義形式	ゼミ形式
50	30	50	70
40	50	60	80
30	40	40	60
50	30	50	60
40	30	50	50

第5章
重回帰分析

連続多変量の因果関係

Section 1 多変量解析とは

ここまでみてきた解析方法は，1つもしくはごく少数の変数を扱うものであった．実際の研究では，一度に多くの変数を用いて調査分析を行うことが多い．多くの変数を全体的にまたは同時に分析する方法が，**多変量解析**である．

1-1 どのような手法があるのか

因果関係（独立変数［説明変数］と従属変数［基準変数，目的変数］）の存在を仮定しているか否か，尺度水準は何であるか（質的データ：名義尺度・順序尺度；量的データ：間隔尺度・比率尺度）によって，分析手法が異なってくる．

何をするか？	尺度水準は？		多変量解析の手法
	従属変数 (基準変数, 目的変数)	独立変数 (説明変数)	
1つの変数を複数の変数から予測・説明・判別する	量的データ	量的データ	重回帰分析
		質的データ	数量化Ⅰ類
	質的データ	量的データ	判別分析
		質的データ	数量化Ⅱ類
複数の変数間の関連性を検討する 圧縮・整理する	量的データ		因子分析★ 主成分分析 クラスタ分析
	質的データ		数量化Ⅲ類 コレスポンデンス(対応)分析

★厳密には，因子分析は主成分分析とは異なり，潜在的な説明変数を仮定する分析方法である．

1-2 予測・整理のパターン

たとえば……，次の予測などの目的で使う統計手法は何になるだろうか？

(1) 動機づけ尺度と原因帰属尺度の得点から試験の得点を予測する．

- 分析の目的　→　**予測**すること
- 従属変数は，試験の得点　→　**量的データ**
- 独立変数は，動機づけ尺度と原因帰属尺度　→　**量的データ**
- では分析方法は？

(2) 学歴，配偶者の有無，子どもの人数から年収を予測する．

- 分析の目的　→　**予測**すること
- 従属変数は，年収　→　**量的データ**
- 独立変数は，学歴・配偶者の有無・子どもの人数　→　**質的データ**
- では分析方法は？

(3) 血糖値，血圧，体温から病気であるか否かを予測する．

- 分析の目的　→　**予測**すること
- 従属変数は，病気であるか否か　→　**質的データ**
- 独立変数は，血糖値・血圧・体温　→　**量的データ**
- では分析方法は？

(4) 性別，年代（10代，20代，30代以上），居住地域（都市部，郡部）から，携帯電話所有の有無を予測する．

- 分析の目的　→　**予測**すること
- 従属変数は，携帯電話所有の有無　→　**質的データ**
- 独立変数は性別，年代・居住地域　→　**質的データ**
- では分析方法は？

(5) 新たに50項目からなる大学生活ストレス尺度を作成した．この50項目が事前に想定した5つの下位尺度に分かれるのかどうかを検討したい．

- 分析の目的　→　整理
- 尺度項目は，**量的データ**
- では分析方法は？

(6) 国語，数学，英語，理科，社会の得点から，各教科の得点状況を考慮しながら5教科の総合得点を算出したい．

- 分析の目的　→　圧縮
- 教科得点は，**量的データ**
- では分析方法は？

(7) 国語，数学，英語，理科，社会の得点から，学生をいくつかのグループに分類したい．

- 分析の目的　→　整理
- 教科得点は，**量的データ**
- では分析方法は？

(8) 所有している車の車種，パソコンの機種，よく読む雑誌，毎週観ているテレビ番組の種類をアンケートでとった．これらの関連性を検討したい．

- 分析の目的　→　整理
- アンケートの内容は，**質的データ**
- では分析方法は？

答え：(1)重回帰分析，(2)数量化Ⅰ類，(3)判別分析，(4)数量化Ⅱ類，(5)因子分析，(6)主成分分析，(7)クラスタ分析，(8)数量化Ⅲ類（コレスポンデンス分析）

1-3 ● 多変量解析を用いる際の注意点

(1) 複数変数間のデータの質をそろえる

予測する際の説明変数間のデータ，関連性を検討する際の変数群のデータの質・レベルをそろえる．たとえば，質的データと量的データが混在した説明変数で，何かを予測することはできないと考えておいた方がいいだろう．

そのような場合，一般的には量的データを，情報量の低い質的データにそろえる．たとえば，動機づけ尺度得点によって，**高群**，**中群**，**低群**に分けるなど．

またダミー変数を用いる場合もある．たとえば，**男を1**，**女を0**とするなど．

(2) サンプル数は変数の数より多くする

質問項目数よりも被調査者数が少ないケースなどの場合，その結果の信頼性は低くなる．調査対象は質問項目数の少なくとも2倍，できれば数倍集めた方がよい（手法によっては10倍以上といわれることもある）．

(3) 説明変数間に相関関係が高い変数を使用しない

説明変数間の相関が高い場合には，本来取り得ないような結果となる場合がある．たとえば，2つの説明変数間の相関が高い場合には，わざわざその2つを別個のものとして扱う必要はないかもしれない．ただしこれは，どのような理論を仮定しているかにもよる．

(4)「因果関係がある」というためには

因果関係があるかどうかの判断をする際には，以下の3点から考慮する．

第1に，独立変数（説明変数）が従属変数（基準変数）よりも時間的に先行していること，第2に理論的な観点からも因果の関係に必然性と整合性があること，第3に他の変数の影響を除いても，2つの変数の間に共変関係があることである．

Section 2　重回帰分析

2-1　重回帰分析の前に：単回帰分析

■2つの変数間の因果関係

　第2章で扱った相関は，2つの変数の共変関係を分析する方法であった．しかし相関係数を算出するだけでは因果関係があるとはいえなかった．

　2つの変数間に因果関係が想定される時には，回帰分析を用いる．ただし因果関係は統計上の分析だけの問題ではなく，分析の背景にある理論について十分に理解しておく必要がある．

　1つの従属変数（基準変数；量的データ）を1つの独立変数（説明変数；量的データ）から予測・説明する，と仮定する際に，**回帰分析（単回帰分析）** を使用する．

　回帰分析は，ある変数（X）からある変数（Y）を予測するという意味をもつ．

$Y = aX + b$

（aとbの値を求めることにより，XからYを予測することができる）

　なおこの式で表されるように，回帰分析は，XとYが直線的な関係であることが前提となるので注意してほしい．

2-2 重回帰分析とは

重回帰分析は，1つの従属変数（基準変数；量的データ）を複数の独立変数（説明変数；量的データ）から予測・説明したいときに用いる統計手法である．

重回帰分析の結果で注目するポイントは……

標準偏回帰係数（$\overset{\text{ベータ}}{\beta}$）……各独立変数（説明変数）が従属変数（基準変数）に及ぼす影響の向きと大きさ

重決定係数（R^2［大文字のRの2乗］）……独立変数（説明変数）全体が従属変数（基準変数）を予測・説明する程度

2-3 高校入試の要因を見る・その1

中学校の内申書と模擬試験の結果から，高校入試の得点がどの程度説明されるかを検討したい．データは以下の通り．

高校入試	内申書	模擬試験
310	40	322
412	36	401
356	45	302
240	41	301
423	42	450
310	38	350
300	32	285
215	37	289
389	40	378
325	40	310

■データの型の指定と入力

- SPSS データエディタの[**変数ビュー**]を開く.
  ➢ 1番目の変数の名前に **高校入試**，2番目に **内申書**，3番目に **模擬試験** と入力する.
- [**データビュー**]を開いて数値を入力する.

	高校入試	内申書	模擬試験
1	310.00	40.00	322.00
2	412.00	36.00	401.00
3	356.00	45.00	302.00
4	240.00	41.00	301.00
5	423.00	42.00	450.00
6	310.00	38.00	350.00
7	300.00	32.00	285.00
8	215.00	37.00	289.00
9	389.00	40.00	378.00
10	325.00	40.00	310.00

■重回帰分析

- [**分析(A)**]メニュー ⇒ [**回帰(R)**]
  ⇒ [**線型(L)**] を選択する.
  ➢ [**従属変数(D):**]に，**高校入試** を指定.
  ➢ [**独立変数(I):**]に，**内申書**，**模擬試験** を指定.
  ➢ 統計(S) を押し，[**記述統計量(D)**]と [**共線性の診断(L)**]にチェックを入れる.
    ◆ [**記述統計量(D)**]にチェックを入れると，各変数の平均値や標準偏差，相互相関が出力される．[**共線性の診断(L)**]については，p.102を参照.
  ➢ 続行 ，そして， OK をクリック.

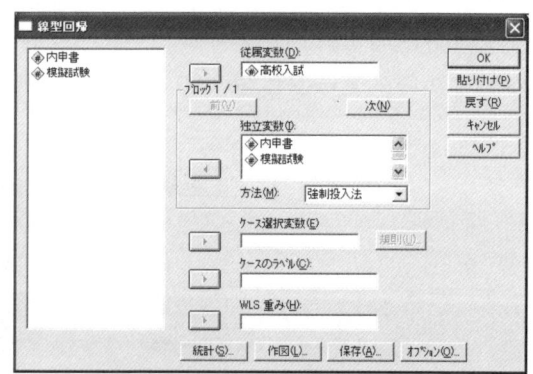

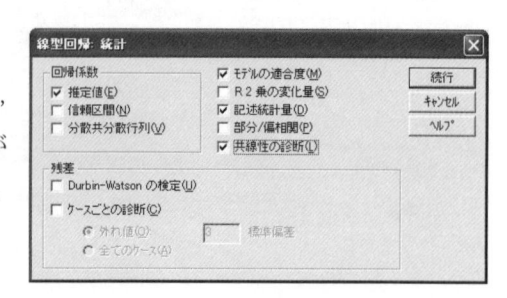

第5章 重回帰分析——連続多変量の因果関係

■出力の見方

- 各変数間の相互相関が出力される．**模擬試験**と**高校入試**の相関係数が高い値となっている．

相関係数

		高校入試	内申書	模擬試験
Pearson の相関	高校入試	1.000	.228	.818
	内申書	.228	1.000	.175
	模擬試験	.818	.175	1.000
有意確率(片側)	高校入試	.	.263	.002
	内申書	.263	.	.314
	模擬試験	.002	.314	.
N	高校入試	10	10	10
	内申書	10	10	10
	模擬試験	10	10	10

- 重相関係数(R)，重決定係数(R^2)，自由度調整済みの R^2 が出力される．

モデル集計

モデル	R	R2 乗	調整済み R2 乗	推定値の標準誤差
1	.822a	.676	.584	44.36460

a. 予測値: (定数)、模擬試験, 内申書。

[注] 通常 R^2 は変数の数が増えると(予測に不適切な変数でも)大きくなってしまうという欠点があるので，その影響を受けにくく調整したもの

- 回帰式全体の有意性の検定．5％水準で有意である．

分散分析b

モデル		平方和	自由度	平均平方	F 値	有意確率
1	回帰	28762.476	2	14381.238	7.307	.019a
	残差	13777.524	7	1968.218		
	全体	42540.000	9			

a. 予測値: (定数)、模擬試験, 内申書。
b. 従属変数: 高校入試

- 標準化していない回帰係数（B）と，標準偏回帰係数（$\overset{\text{ベータ}}{\beta}$），およびその有意確率と VIF (Variance Inflation Factor) が出力される（VIF については p.102 参照）．

係数a

モデル		非標準化係数 B	標準誤差	標準化係数 ベータ	t	有意確率	共線性の統計量 許容度	VIF
1	(定数)	−78.357	174.536		−.449	.667		
	内申書	1.693	4.204	.088	.403	.699	.969	1.032
	模擬試験	1.004	.273	.802	3.672	.008	.969	1.032

a. 従属変数: 高校入試

◎結果から……

- 模擬試験の成績が高校入試の成績に大きく影響を及ぼしていることがわかる．
- この結果を，以下のような図に表してもよい．このような図を**「パス図」**という．パス図の描き方については，第8章を参照してほしい．
- 一般的に重回帰分析から作成するパス図には，**標準偏回帰係数**と**重決定係数**を記入し，有意水準をアスタリスク（＊）で記述する（アスタリスクの説明を図の下部につけておく）．有意ではない標準偏回帰係数の矢印を省略することもある．

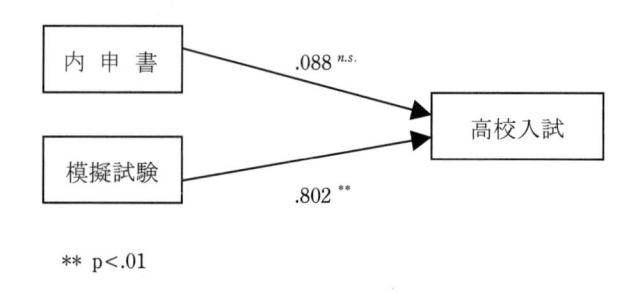

```
   内申書  ──.088 n.s.──┐
                        ├→ 高校入試
   模擬試験 ──.802 **──┘
```

　　　** p<.01

2-4 高校入試の要因を見る・その2

2-3と同じだが,データが異なる例を分析してみよう.

中学校の内申書と模擬試験の結果から,高校入試の得点がどの程度説明されるかを検討したい.相関係数と標準偏回帰係数の値に注目しながら分析してほしい.

高校入試	内申書	模擬試験
300	35	301
250	25	201
151	10	154
251	35	310
253	25	201
400	45	402
302	40	350
249	20	250
352	41	349
399	44	399
253	30	250
354	45	350
298	10	150
148	15	250
153	9	200

- データの入力,分析手順は例題1と同じように行う.

§2 重回帰分析

■出力の見方

- 得点間の**相互相関**は以下の通り．**相互相関**は高く，すべて有意である．

相関係数

		高校入試	内申書	模擬試験
Pearson の相関	高校入試	1.000	.839	.765
	内申書	.839	1.000	.921
	模擬試験	.765	.921	1.000
有意確率 (片側)	高校入試	.	.000	.000
	内申書	.000	.	.000
	模擬試験	.000	.000	.
N	高校入試	15	15	15
	内申書	15	15	15
	模擬試験	15	15	15

- **重決定係数**も十分な値である．

モデル集計

モデル	R	R2 乗	調整済み R2 乗	推定値の標準誤差
1	.839a	.704	.654	48.26217

a. 予測値: (定数)、模擬試験, 内申書。

- **標準偏回帰係数**を見ると，内申書は.882 と 5％水準で有意であるが，模擬試験は−.047 で有意ではない．
- **相関係数**を見ると，模擬試験と高校入試の相関は.765 であり，高い相関関係にあるにもかかわらず，なぜ重回帰分析を行うと「影響力がない」とされてしまうのだろうか？

係数a

モデル		非標準化係数 B	非標準化係数 標準誤差	標準化係数 ベータ	t	有意確率	共線性の統計量 許容度	共線性の統計量 VIF
1	(定数)	132.076	52.487		2.516	.027		
	内申書	5.414	2.472	.882	2.190	.049	.152	6.566
	模擬試験	−.046	.393	−.047	−.118	.908	.152	6.566

a. 従属変数: 高校入試

2-5 重回帰分析を行う際の注意点

(1) 因果関係といえるのか

時間的，理論的に因果関係を仮定できるのかということである．因果関係を仮定するための条件については，「**1-3** 多変量解析を用いる際の注意点」(p.93)を参照してほしい．

(2) 疑似相関

相関係数と標準偏回帰係数を比較した際，それらが同符号で，ともに有意な値をとっていれば，その相関関係は因果関係と認めることも可能となる（これはあくまでも，用いられた独立変数の範囲内で，であるが）．

それに対し，相関係数は有意であるにもかかわらず，標準偏回帰係数が0に近くなる場合がある．そのような関係にある場合，その相関は**疑似相関**である可能性がある．疑似相関とは，第3の変数が2つの変数に影響して，相関係数が見かけ上大きくなることである（p.32参照）．

(3) 多重共線性

相関係数と標準偏回帰係数が異符号で，しかもそれぞれが有意な場合がある．独立変数間の相関が高すぎる場合に，このような現象が生じる．独立変数間に直線的な関係があることを**多重共線性**というが，独立変数間の相関が非常に高い場合にも近似的な多重共線性が発生する．

多重共線性が発生すると，回帰係数が完全には推定できなかったり，結果が求まっても信頼性が低いものになったりする．相互相関が高い変数が独立変数の中に共存していることは，重回帰分析という手法を用いる上で不適切であると考えておこう．

このような場合の対処方法としては……

- 少なくとも1つの独立変数を削除する．
- 独立変数をまとめる．具体的には，独立変数に対して**因子分析**（第7章 p.138〜を参照）や**主成分分析**を行い，複数の得点を合成する．
- ただし，再度，理論的に仮定した因果モデルを考慮し直すことも必要になるだろう．

なお，SPSSでは，［回帰(R)］⇒［線型(L)］で　統計(S)　⇒［共線性の診断(L)］をチェックすることにより，VIF (Variance Inflation Factor) という指標を算出することができる．

一般に VIF＞10 であると，多重共線性が発生しているとされる．10を超えないような場合でも，この数値が高い場合には注意が必要である．

(4) 抑制変数

重回帰分析を行うことにより，相関関係ではわからなかった因果関係が見えてくる場合もある．相関係数がほぼ0であっても，標準偏回帰係数が有意になることがある．

従属変数（基準変数）との相関が低いにもかかわらず，標準偏回帰係数が有意になり，単純相関では隠れていた因果関係が見えてくることがある。このような独立変数（説明変数）を**抑制変数**という．

(5) 調整変数

被調査者を年齢や性別で分類してみると，変数間の相関関係がかなり異なってくる場合がある．

群ごとに別の因果関係を想定して分析してみると，全被調査者で分析した時と比べて，より説明力の高い結果が得られる場合がある．このような場合，分類するための性別や年齢といった変数を**調整変数**という．

第 5 章　演習問題

青年期女子 20 名に対して，身長(cm)，体重(kg)，年齢，体型不満足度，減量希望量(kg)を尋ねた．身長，体重，年齢，体型不満足度によって減量希望量を予測できるかどうか，また，減量希望量の予測に有効な変数はどれかを検討したい．以下のデータを SPSS で分析し，結果を求めなさい（データは服部・海保[3]，1996 による）．　（解答は p.126）

減量希望量	身長	体重	年齢	体型不満足度
5.0	165	58	19	10
2.0	164	48	18	13
-2.0	154	41	17	11
4.0	164	55	19	11
4.0	159	46	20	12
13.0	154	60	18	15
8.5	156	57	18	13
2.0	158	52	17	14
7.5	161	57	16	14
11.0	156	58	20	16
3.5	163	52	19	9
11.5	159	54	19	14
0.5	151	42	20	17
2.5	154	51	19	7
1.5	150	43	18	8
8.0	154	55	19	15
3.0	168	61	21	17
4.0	161	49	17	13
0.0	158	45	20	7
6.5	153	50	21	16

[第4章　演習問題（1）(p.87)　解答]

分散分析の結果，車種間に有意な差が認められる（$F(3,36)=15.913, p<.001$）．Tukey法による多重比較の結果から，車種4と車種3が車種2と車種1よりも燃費がよいことがわかる．

[第4章　演習問題（2）(p.88)　解答]

用いる分析方法は，2×2（ともに被験者間要因）の分散分析である．

分散分析の結果，学部×講義形式の交互作用が有意（$F(1,16)=6.061, p<.05$）であるため，単純主効果の検定を行う（シンタックスを書き換えて分析すること）．

単純主効果の検定結果は以下の通りである．

- 講義形式における学部の単純主効果：

    $F(1,16)=1.939, n.s.$

- ゼミ形式における学部の単純主効果：

    $F(1,16)=23.758, p<.001$　［A学部＜B学部］

- A学部における授業形式の単純主効果：

    $F(1,16)=1.091, n.s.$

- B学部における授業形式の単純主効果：

    $F(1,16)=5.939, p<.05$　［講義形式＜ゼミ形式］

以上の結果から，ゼミ形式の授業の場合にB学部の試験結果がA学部よりもよく，B学部はゼミ形式のほうが講義形式よりも試験結果がよいといえる．

第6章
因子分析

潜在因子からの影響を探る

Section 1 因子分析の考え方

1-1 因子分析とは

因子分析は，多くの研究で用いられる多変量解析の手法の1つである．

因子分析は，複数の変数の関係性をもとにした構造を探る際によく用いられる．また，因子分析で扱うデータは，すべて**量的**データである．

因子分析を行う目的は，**因子**を見つけることである．因子とは，実際に測定されるものではなく，測定された変数間の相関関係をもとに導き出される「**潜在的な変数**」（観測されない，仮定された変数）である．

言い換えると，因子分析とは「ある観測された変数（たとえば質問項目への回答）が，どのような潜在的な因子から影響を受けているか」を探る手法であるといえる．

たとえば，5教科のテスト得点を因子分析することによって，2つの因子（文系能力因子と理系能力因子）が見いだされる場合には，そのような2つの潜在因子が，測定変数である5教科のテスト得点に影響を及ぼすことを仮定している．

1-2 共通因子と独自因子

上の例のように，潜在的な因子として**文系能力**と**理系能力**があると考えてみる．

教科のうち数学の得点を取り上げてみよう．数学の得点には，文系的な能力も理系的な能力もともに影響を与える（もちろん理系能力の方が影響力が大きいであろうが）．

この文系能力と理系能力は，どの教科にも影響を及ぼす因子であり，**共通因子**と呼ばれる．

また，数学という教科には，数学独自の困難さや動機づけなど，数学「だけ」に影響を及ぼす因子がある．このような因子を**独自因子**という．

共通因子も独自因子もともに，直接的には観察することができない「潜在的な因子」である点に注意してほしい．

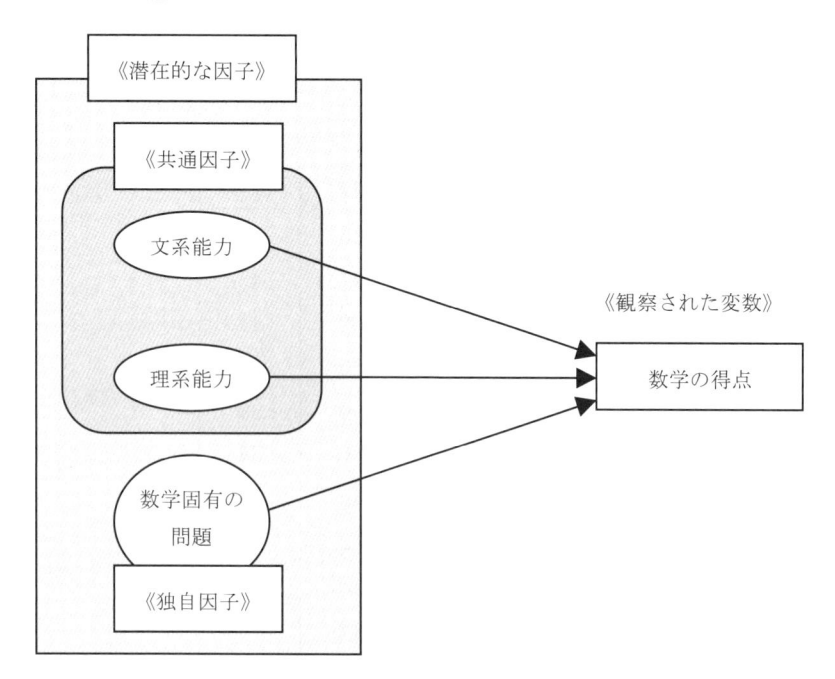

我々が直接知ることができる観測変数のデータには，潜在的な共通因子と独自因子が関係している．さらに，共通因子にはいくつか複数のものがあることが想定される．そのような<u>共通因子を探ることが因子分析の目的</u>である．

なお，一般に「因子」という時には**共通因子**のことを指す．また，因子分析では，**独自因子**は「**誤差**」としての扱いを受ける．

§1 因子分析の考え方

Section 2 直交回転

　国語，社会，数学，理科，英語の5教科の得点を因子分析し，文系的能力と理系的能力の因子を見いだしたい．これまでの手順を参考にデータを入力してみよう．

国語	社会	数学	理科	英語
52	58	62	36	31
49	69	83	51	45
47	71	76	62	41
53	56	66	50	28
44	52	72	60	38
39	69	54	50	34
50	67	66	45	31
53	75	81	62	56
41	54	51	48	54
63	53	55	44	35
39	39	71	59	42
55	47	82	55	51
53	64	69	57	40
78	79	66	58	54
56	62	89	67	38
37	61	69	58	53
60	55	85	48	45
46	49	60	47	31
37	59	69	32	23
39	51	62	53	24

2-1　因子分析の実行（バリマックス回転）

2.1.1　因子の抽出方法

- ［分析(A)］ ⇒ ［データの分解(D)］ ⇒ ［因子分析(F)］ を選択．
- ［変数(V):］に，国語・社会・数学・理科・英語 を指定．

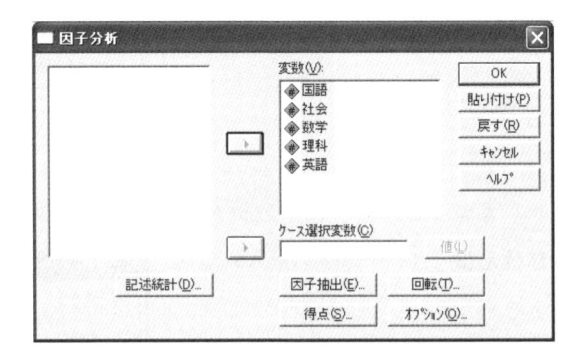

- 因子抽出(E) をクリック．ここで，因子の抽出方法を指定する．
    - ［方法(M)］を，主因子法 に指定． 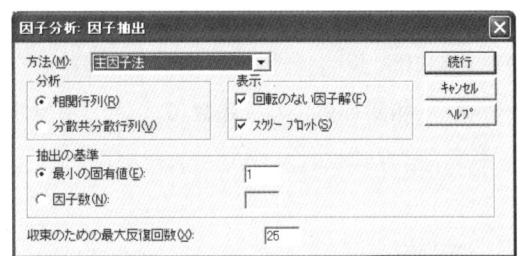
      主因子法以外では，重み付けのない
      最小二乗法 や 最尤法 などを使用する
      とよいだろう．
      デフォルトでは 主成分分析 となって
      いるが，因子分析を行う時には使わない方がよい．
    - ［分析］は，［相関行列(R)］のまま．
    - ［表示］は，［スクリープロット(S)］にもチェックを入れる．
    - ［抽出の基準］について．
      求めたい因子数が決まっている場合には［因子数(N):］をクリックし，数字を入力．
      今回は［最小の固有値(E):］，数値は 1 のままでよい．
- 続行 をクリック．

§2　直交回転　109

2.1.2　因子分析の回転方法

- 回転(T) をクリック．ここで，因子分析の回転方法を指定する．
    - ［バリマックス(V)］を選択．
      バリマックス（直交回転）もしくは**プロマックス**（斜交回転）や**直接オブリミン**（斜交回転）がよく使われる．
- 続行 をクリック．

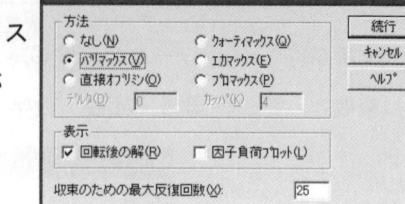

- オプション(O) をクリック．
    - 今回はデフォルトのままでよいが，因子分析を行う変数の数が多い場合には，［サイズによる並び替え(S)］にチェックを入れると結果が見やすくなる．
- 続行 をクリック．

- 記述統計(D) をクリック．
    - ［相関行列］の［係数(C)］と［有意水準(S)］にチェックを入れる（変数が多い場合は出力が膨大になるので入れなくてもいいだろう）．

- 続行 をクリック．

- OK をクリック．

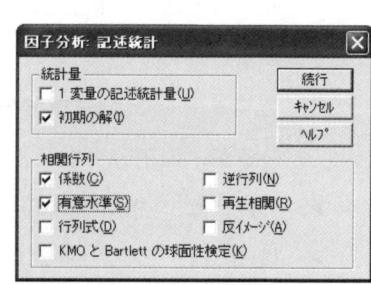

2-2 出力結果の読みとり

2.2.1 相関行列

記述統計ウィンドウで，[相関行列] の [係数(C)] と [有意水準(S)] にチェックを入れたので，相関行列と相関係数の有意水準が出力される．

それぞれの相関係数がどの程度であるかをよく見ておいてほしい．

相関行列

		国語	社会	数学	理科	英語
相関	国語	1.000	.361	.222	.135	.300
	社会	.361	1.000	.143	.184	.272
	数学	.222	.143	1.000	.480	.306
	理科	.135	.184	.480	1.000	.527
	英語	.300	.272	.306	.527	1.000
有意確率(片側)	国語		.059	.174	.285	.099
	社会	.059		.274	.219	.123
	数学	.174	.274		.016	.095
	理科	.285	.219	.016		.008
	英語	.099	.123	.095	.008	

2.2.2 共通性

共通性

	初期	因子抽出後
国語	.198	.517
社会	.163	.260
数学	.256	.265
理科	.397	.956
英語	.342	.395

因子抽出法: 主因子法

- 因子分析は「共通因子」を探るために行う．
- 共通性とは，<u>各測定値に対して，共通因子で説明される部分がどの程度あるのかを示す指標</u>である．[初期] と [因子抽出後] の共通性が出力されているが，バリマックス回転など回転を行った場合には [因子抽出後] を見るとよい．
- 共通性は原則として<u>最大値は1</u>となる（そうならないケースもある）．
- 1から共通性を引いた値が「**独自性**」になる．今回のデータの場合，**国語**の独自性は <u>1−.517=.483</u> になる．
- 共通性が大きな値を示している測定値（ここでは各教科）は，共通因子から大きな影響を受けているという（独自因子の影響力は少ない）ことになり，逆に小さな値を示している測定値は，共通因子からあまり影響を受けていない（独自因子の影響力が大きい）ことになる．

§2 直交回転

2.2.3 固有値

説明された分散の合計

因子	初期の固有値			抽出後の負荷量平方和			回転後の負荷量平方和		
	合計	分散の %	累積 %	合計	分散の %	累積 %	合計	分散の %	累積 %
1	2.196	43.918	43.918	1.759	35.175	35.175	1.488	29.751	29.751
2	1.082	21.642	65.560	.636	12.711	47.886	.907	18.135	47.886
3	.703	14.067	79.627						
4	.630	12.610	92.237						
5	.388	7.763	100.000						

因子抽出法: 主因子法

固有値は各因子ごとに示される値である．

- 固有値は変数の数だけ出力される（ここでは5つの変数を扱っているので5つまで出力されている）．
- 実際には，1つの項目が1つの因子に対応するような分析は行わない（潜在的な因子を仮定する意味がなくなってしまう）．
- 固有値は第1のものから次第に小さくなっていく．

因子数を決定する時には，**初期の固有値**の値を見る（因子数の決定のしかたは次章で詳しく解説する）．

- 固有値の値が大きいほど，その因子と分析に用いた変数群との関係が強いことを意味する．これは，変数群のその因子への寄与率が高いと言い換えることもできる．
- 固有値が小さい因子は，変数との関係があまりないことを意味している．
- 固有値は，いくつの因子が存在しうるのかを判断する材料となる．おおまかにだが，固有値が1以上あれば，少なくとも1つの測定値がその因子の影響を受けているとイメージしてほしい．

因子分析結果を表に記入する時には，**回転後の負荷量平方和**を見る．

- [**合計**]の欄に書かれているのが「**因子寄与**」である．
- この結果の場合，第1因子が 1.49，第2因子が .91 であるから，5つの教科への回転後の第1因子の寄与率が高い．
- [**分散の%**]をみると，第1因子の寄与率は 29.75%，第2因子の寄与率は 18.14%であり，2つの因子の「**累積寄与率**」は 47.89%である．

2.2.4　回転前の因子負荷量

因子行列[a]

	因子	
	1	2
国語	.447	.563
社会	.377	.344
数学	.512	−.058
理科	.873	−.441
英語	.626	.052

因子抽出法: 主因子法
a. 2個の因子の抽出が試みられました。25回以上の反復が必要です。(収束基準 =.005)。抽出が終了しました。

ここで出力された数値は「**初期解の因子負荷量**」という．これはとりあえずの解であって，このままでは2つの因子をうまく解釈することはできない．

第1因子の因子負荷量を見ると，すべて正の値をとっていて，明確な特徴があるわけではない．

2.2.5　バリマックス回転後の因子負荷量

回転後の因子行列[a]

	因子	
	1	2
国語	.113	.710
社会	.160	.485
数学	.474	.201
理科	.977	.045
英語	.520	.353

因子抽出法: 主因子法
回転法: Kaiser の正規化を伴うバリマックス法
a. 3回の反復で回転が収束しました。

因子の解釈を行う際には，**回転後の因子行列**をみる．

0.35 あるいは 0.40程度の因子負荷量を基準として，因子を解釈することがよく行われる．

この場合，第1因子は，**理科**，**英語**，**数学**の因子負荷量が高い．また第2因子は，**国語**，**社会**，**英語**の因子負荷量が高い．やや**数学**の負荷量が低いが，第1因子を**理系能力**，第2因子を**文系能力**と解釈することは可能だろう．

2.2.6 因子分析結果のTable（表）

Table 5教科の因子分析結果（バリマックス回転後の因子負荷量）

	I	II	共通性
国語	.11	**.71**	.52
社会	.16	**.49**	.26
数学	**.47**	.20	.27
理科	**.98**	.05	.96
英語	**.52**	.35	.40
因子寄与	1.49	.91	2.39
累積寄与率	29.76	47.86	

　レポートにまとめる時には，SPSSの出力表をそのまま掲載するのは望ましくない．Excel等で見やすい表を作成すること．研究誌に掲載されている因子分析表を参考にして作成してほしい．

◎SPSS の出力表 ⇒ Excel へのエクスポート

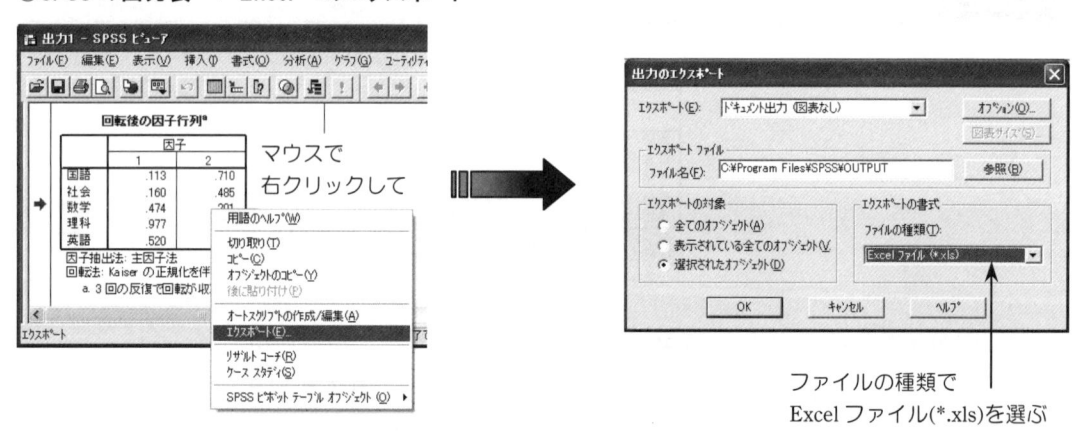

◎因子分析表を作成するポイント

・0.35 以上か 0.40 以上の因子負荷量をボールド（太字）にすると，結果が見やすくなる．
・項目数が多い場合，因子負荷量が大きい順に並べるとより見やすい．
・直交回転の場合には，右側に共通性，下側に因子寄与や累積寄与率を記述する．

2.2.7 回転するというのは？

先ほど算出した**回転前の因子負荷量**を散布図に表したものが下の図である．

この図は，2つの回転前の因子を縦と横の軸で表している．

図をみると，第1因子（横軸）の周辺に5つの教科が
かたまっている様子がわかるだろう．

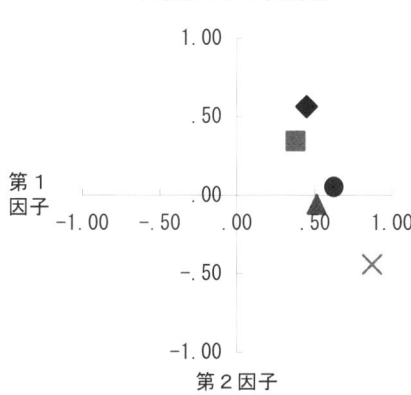

「回転する」というのは，測定値と因子がうまく合致するように，縦軸と横軸を原点を中心に回転させることである．**バリマックス回転**というのは，縦軸と横軸が**直角**であることを保って回転させる方法のひとつである．
このようなことから，**直交回転**と呼ばれている．
回転はSPSSが自動的に行う．右の図で，
軸が回転するというイメージをつかんでほしい．

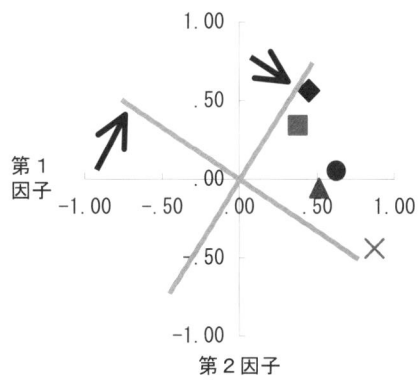

§2 直交回転

回転させた後は，下の図のようになる．この図は，**バリマックス回転後の因子負荷量**を散布図として表したものである．この図で2つの軸と各教科の位置は，前の図の回転させた太い網線の軸と各教科の位置に似ていることがわかる．そして，**国語，社会**が縦軸（第2因子）の方に近づき，**理科，数学**が横軸（第1因子）の方に近づいているのがわかるだろう．

　このように，因子分析では「軸を回転」させることにより，より明確に潜在的な因子を見いだそうとする．

回転後の因子負荷量

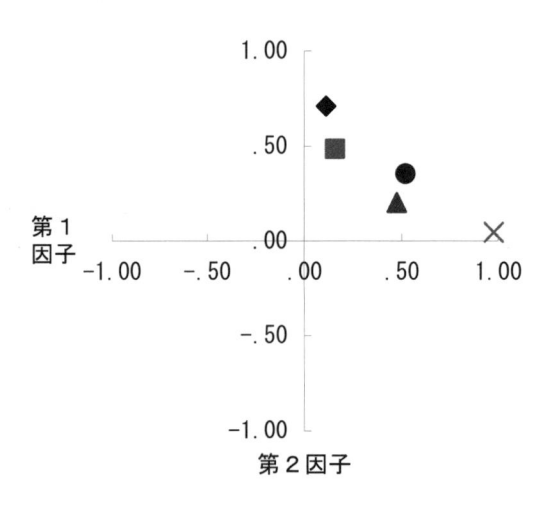

◆国語 ■社会 ▲数学 ×理科 ●英語

　では次に，軸を直角のままではなく，1つずつ別々に回転させる**斜交回転**を行ってみよう．

Section 3　斜交回転

　10項目からなる自尊心尺度を100名に実施したデータを因子分析し，因子構造を検討したい．

　自尊心尺度の項目内容は以下の通りである．

◎**自尊心尺度の項目内容**（項目内容は，桜井[34]，1997による）

　　　SE1　私は，自分に満足している
　＊SE2　私は，自分がだめな人間だと思う
　　　SE3　私は，自分には見どころがあると思う
　　　SE4　私はたいていの人がやれる程度には物事ができる
　＊SE5　私には得意に思うことがない
　＊SE6　私は，自分が役立たずだと感じる
　　　SE7　私は自分が，少なくとも他人ぐらいは価値のある人間だと思う
　＊SE8　もう少し自分を尊敬できたらと思う
　＊SE9　自分を失敗者だと思いがちである
　　　SE10　私は自分自身に対して，前向きの態度をとっている
（＊逆転項目）

　回答は「1.全く当てはまらない」「2.あまり当てはまらない」「3.どちらともいえない」「4.やや当てはまる」「5.とてもよく当てはまる」の5つの選択肢のうちどれか1つに○をつける形式で測定されている（5件法という）．なお逆転項目とは，1.に○をつけたら5点，5.に○をつけたら1点といったように，得点を逆向きに算出する項目のことである．

　100名分のデータは以下の通りである．なお以下のデータは，すでに逆転項目の処理を行ったものである．

　データを入力する際には，名前にSE1などの変数名を入力し，ラベルに変数名と項目内容（文章）を入力しておくと，結果が理解しやすくなるだろう．

◆自尊心尺度の回答データ（100名分：オリジナルデータ）

No.	SE1	SE2	SE3	SE4	SE5	SE6	SE7	SE8	SE9	SE10
1	2	4	4	4	1	1	5	4	4	2
2	4	2	3	4	2	1	4	4	3	3
3	3	1	3	2	3	1	3	2	1	4
4	4	2	3	2	3	2	4	2	2	4
5	1	3	1	1	3	4	1	4	5	3
6	4	4	2	3	1	3	3	4	5	4
7	3	4	3	4	5	4	3	4	4	2
8	2	4	2	4	2	3	3	5	4	3
9	4	2	4	4	1	1	3	3	1	3
10	3	2	3	4	3	2	4	4	4	3
11	4	2	4	4	2	3	4	5	4	4
12	2	2	3	3	4	1	3	3	1	4
13	3	2	3	4	2	3	3	4	3	4
14	1	4	1	1	3	4	2	4	4	2
15	3	4	2	2	2	2	4	2	4	3
16	4	2	4	4	2	2	4	4	2	4
17	2	3	3	4	3	2	4	4	3	3
18	1	2	2	3	4	1	4	5	2	2
19	5	1	4	3	1	1	3	5	1	5
20	2	4	3	3	4	3	3	3	3	4
21	4	3	3	3	3	3	3	3	4	3
22	5	2	4	4	3	2	4	3	2	5
23	4	2	4	4	3	2	4	4	3	3
24	1	4	2	3	4	2	3	5	5	3
25	3	4	2	3	2	4	3	2	3	3
26	4	1	3	4	3	2	4	4	1	4
27	1	5	2	4	4	3	4	5	3	2
28	4	2	4	4	3	2	4	4	4	4
29	3	3	3	4	2	3	2	2	4	4
30	2	4	2	2	3	3	2	4	2	3
31	3	2	3	4	2	2	3	3	2	3
32	3	3	3	4	2	2	4	3	3	3
33	3	2	2	4	2	4	4	5	2	2
34	2	4	2	3	3	4	5	5	5	2
35	2	2	3	1	2	4	4	2	2	2
36	3	2	4	4	1	1	4	1	2	3
37	4	2	4	4	2	2	4	3	2	4
38	2	4	3	3	4	4	3	3	2	5
39	4	3	3	4	4	3	5	3	2	3
40	2	4	3	3	3	3	4	4	2	2
41	4	4	2	3	1	3	3	5	4	4
42	1	3	3	3	2	4	4	3	2	2
43	2	4	2	2	5	4	3	2	2	3
44	4	3	3	2	4	3	3	4	4	3
45	2	4	2	4	4	4	2	4	4	2
46	4	3	3	4	3	2	4	3	4	4
47	1	5	3	2	5	2	1	3	4	3
48	5	4	5	3	1	1	5	4	3	5
49	3	3	3	3	4	3	3	3	2	3
50	3	2	3	3	2	3	3	3	3	3
51	4	4	4	4	3	2	4	5	2	5
52	2	4	5	5	4	4	5	5	4	2
53	3	3	3	4	2	3	3	4	4	3
54	2	3	4	4	1	3	3	4	3	3
55	3	2	3	4	3	3	3	3	3	3
56	3	3	3	3	3	3	3	4	3	4
57	2	3	4	5	1	2	5	5	1	4
58	5	2	2	4	2	2	3	5	4	5
59	2	3	3	4	3	2	3	4	2	5
60	3	3	2	2	4	3	3	5	2	3
61	2	3	2	2	3	4	3	4	3	4
62	1	1	1	3	2	2	4	3	3	3
63	3	2	2	4	3	4	4	4	2	5
64	3	3	3	4	4	3	3	4	2	1
65	2	3	3	2	3	2	4	4	4	2
66	2	3	3	4	2	2	3	4	3	4
67	4	2	4	4	2	2	4	3	3	4
68	4	2	4	3	4	4	3	3	3	4
69	1	5	2	3	3	4	3	4	5	2
70	3	3	2	4	2	4	2	2	2	3
71	2	4	4	3	4	4	3	5	4	2
72	5	2	3	2	3	4	3	5	3	4
73	2	4	1	1	4	4	3	4	3	3
74	3	1	4	4	2	1	4	3	1	4
75	2	4	3	1	2	2	4	4	4	3
76	1	5	1	1	5	5	1	5	5	1
77	3	4	2	3	2	3	3	5	4	2
78	4	2	3	4	3	3	4	4	3	2
79	3	2	2	3	2	4	3	4	4	2
80	4	3	4	2	4	2	2	4	2	4
81	3	2	2	4	4	1	2	2	4	2
82	4	2	4	4	2	2	4	3	2	4
83	3	5	3	4	2	2	3	4	3	3
84	4	4	2	1	2	1	3	1	2	4
85	1	2	2	2	3	4	3	4	4	3
86	2	4	4	2	1	2	5	5	5	5
87	3	2	3	2	2	3	4	4	1	3
88	1	4	2	4	5	4	2	5	4	2
89	1	1	3	1	3	3	3	3	1	4
90	1	5	1	1	5	5	1	4	5	1
91	2	2	2	4	3	3	4	4	3	3
92	2	3	3	4	4	2	4	5	2	3
93	1	1	2	2	2	4	3	4	4	4
94	3	2	3	2	3	2	3	3	3	4
95	3	3	3	3	3	3	3	3	3	4
96	3	3	3	3	3	3	3	3	4	3
97	3	3	3	3	2	3	3	3	2	3
98	2	3	2	4	2	2	4	2	2	4
99	3	1	2	3	2	1	3	4	3	3
100	1	5	3	4	2	3	4	4	4	4

◎このデータは，東京図書のWebサイト（www.tokyo-tosho.co.jp）からダウンロードできます．

3-1 因子分析の実行（プロマックス回転）

- ［分析(A)］ ⇒ ［データの分解(D)］ ⇒ ［因子分析(F)］ を選択．
- 指定方法も直交回転のとき（p.109）と同じ．違うのは……
    - 回転(T) をクリックした後で，［プロマックス(P)］を選択．
    - ［カッパ(K)］の入力欄はデフォルトのままにしておく．

3-2 出力結果の読みとり

3.2.1 共通性

共通性

	初期	因子抽出後
SE1 私は，自分に満足している	.426	.419
SE2 私は，自分がだめな人間だと思う	.390	.406
SE3 私は，自分には見どころがあると思う	.443	.486
SE4 私はたいていの人がやれる程度には物事ができる	.294	.360
SE5 私には得意に思うことがない	.341	.256
SE6 私は，自分が役立たずだと感じる	.547	.535
SE7 私は自分が，少なくとも他人ぐらいには価値のある人間だと思う	.429	.554
SE8 もう少し自分を尊敬できたらと思う	.158	.210
SE9 自分を失敗者だと思いがちである	.410	.494
SE10 私は自分自身に対して，前向きの態度をとっている	.421	.402

因子抽出法：主因子法

項目数が10なので，10個の共通性が出力される．

「SE1 私は，自分に満足している」の因子抽出後の共通性は.419なので，独自性は1－.419＝.581となる．

§3 斜交回転

3.2.2 固有値

説明された分散の合計

因子	初期の固有値			抽出後の負荷量平方和			回転後の
	合計	分散の %	累積 %	合計	分散の %	累積 %	合計
1	3.815	38.149	38.149	3.260	32.603	32.603	2.908
2	1.467	14.671	52.820	.861	8.612	41.215	2.561
3	.924	9.237	62.057				
4	.833	8.333	70.390				
5	.777	7.765	78.155				
6	.587	5.867	84.022				
7	.482	4.816	88.838				
8	.463	4.631	93.469				
9	.368	3.685	97.154				
10	.285	2.846	100.000				

因子抽出法: 主因子法
a. 因子が相関する場合は、負荷量平方和を加算しても総分散を得ることはできません。

先ほど行ったバリマックス回転の表と比べると，プロマックス回転の場合では，[**回転後の**]欄に[**合計**]しか出力されていない．プロマックス回転のような斜交回転の場合，寄与率を計算することができないので，出力されないのである．

3.2.3 回転前の因子負荷量

バリマックス回転の時と同様，「初期解の因子負荷量」が出力される．

因子行列a

	因子	
	1	2
SE1 私は，自分に満足している	.646	−.040
SE2 私は，自分がだめな人間だと思う	−.589	.244
SE3 私は，自分には見どころがあると思う	.650	.252
SE4 私はたいていの人がやれる程度には物事ができる	.440	.408
SE5 私には得意に思うことがない	−.499	−.080
SE6 私は，自分が役立たずだと感じる	−.730	.054
SE7 私は自分が，少なくとも他人ぐらいは価値のある人間だと思う	.628	.400
SE8 もう少し自分を尊敬できたらと思う	−.199	.412
SE9 自分を失敗者だと思いがちである	−.538	.452
SE10 私は自分自身に対して，前向きの態度をとっている	.612	−.164

因子抽出法: 主因子法
a. 2個の因子が抽出されました。7回の反復が必要です。

3.2.4　回転後の因子負荷量

　プロマックス回転の場合，**パターン行列**と**構造行列**が出力される．バリマックス回転の出力における「回転後の因子負荷量」に相当するのは「**パターン行列**」である．

　プロマックス回転の場合，因子分析の解釈や因子分析表に記入する際には，「パターン行列」を参照すること．

パターン行列[a]

	因子 1	因子 2
SE1 私は，自分に満足している	.384	-.347
SE2 私は，自分がだめな人間だと思う	-.137	.549
SE3 私は，自分には見どころがあると思う	.685	-.020
SE4 私はたいていの人がやれる程度には物事ができる	.708	.254
SE5 私には得意に思うことがない	-.410	.143
SE6 私は，自分が役立たずだと感じる	-.424	.401
SE7 私は自分が，少なくとも他人ぐらいは価値のある人間だと思う	.823	.156
SE8 もう少し自分を尊敬できたらと思う	.292	.557
SE9 自分を失敗者だと思いがちである	.109	.759
SE10 私は自分自身に対して，前向きの態度をとっている	.235	-.470

因子抽出法: 主因子法
回転法: Kaiser の正規化を伴うプロマックス法
a. 3 回の反復で回転が収束しました。

3.2.5　因子間相関

因子相関行列

因子	1	2
1	1.000	-.571
2	-.571	1.000

因子抽出法: 主因子法
回転法: Kaiser の正規化を伴うプロマックス法

　プロマックス回転のような「斜交回転」は，因子間に相関があることを仮定している．したがって，因子を抽出した後に因子間の相関係数が出力される．

　バリマックス回転のような「直交回転」の場合，因子間の相関が「0」であることを仮定しているので，因子間相関は出力されない．

§3　斜交回転

3.2.6　因子分析結果のTable（表）

今回の結果の場合，次のような表を作成するとよいだろう．なお，上の表は項目を並べ替えていないものであり，下の表は因子負荷量によって項目を並べ替えたものである．項目数が多い場合には，並べ替えた方が見やすくなるだろう．

[項目を並べ替える前の表]

Table　自尊心尺度の因子分析結果（プロマックス回転後の因子パターン）

	I	II
1．私は，自分に満足している	.38	−.35
2．私は，自分がだめな人間だと思う	−.14	.55
3．私は，自分には見どころがあると思う	.69	−.02
4．私はたいていの人がやれる程度には物事ができる	.71	.25
5．私には得意に思うことがない	−.41	.14
6．私は，自分が役立たずだと感じる	−.42	.40
7．私は自分が，少なくとも他人ぐらいは価値のある人間だと思う	.82	.16
8．もう少し自分を尊敬できたらと思う	.29	.56
9．自分を失敗者だと思いがちである	.11	.76
10．私は自分自身に対して，前向きの態度をとっている	.23	−.47
因子間相関	−.58	

[項目を並べ替えた後の表]

Table　自尊心尺度の因子分析結果（プロマックス回転後の因子パターン）

	I	II
7．私は自分が，少なくとも他人ぐらいは価値のある人間だと思う	.82	.16
4．私はたいていの人がやれる程度には物事ができる	.71	.25
3．私は，自分には見どころがあると思う	.69	−.02
1．私は，自分に満足している	.38	−.35
5．私には得意に思うことがない	−.41	.14
6．私は，自分が役立たずだと感じる	−.42	.40
9．自分を失敗者だと思いがちである	.11	.76
8．もう少し自分を尊敬できたらと思う	.29	.56
2．私は，自分がだめな人間だと思う	−.14	.55
10．私は自分自身に対して，前向きの態度をとっている	.23	−.47
因子間相関	−.58	

プロマックス回転を行った場合，Tableの作成に必要な情報は……

- 項目内容
- 因子パターンに示された負荷量
- 因子間相関

である．

バリマックス回転のTableとは異なり，共通性や因子寄与は記入しなくてもよい．

3.2.7　斜交回転とは？

　プロマックス回転を行う前の因子負荷量を図に示す．2つの回転前の因子を縦と横の軸で表したものである．

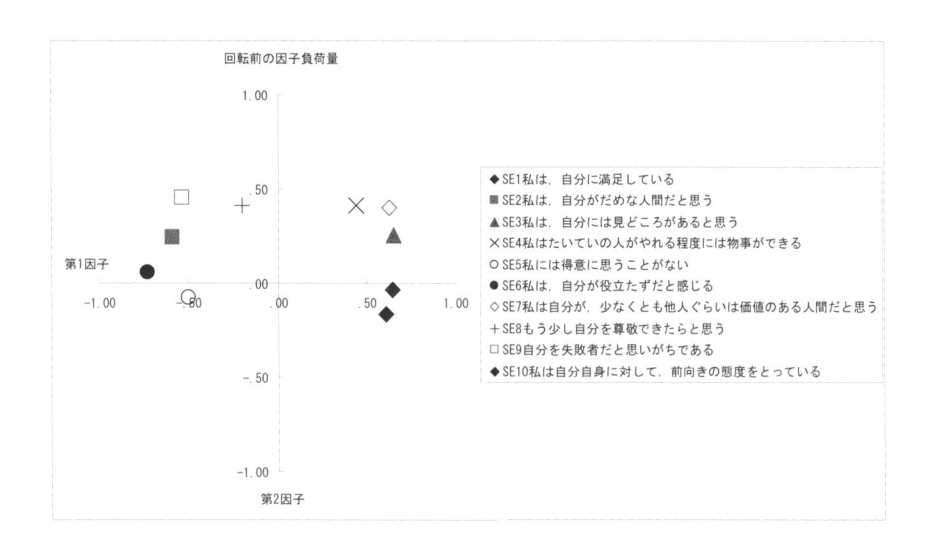

回転前の因子負荷量

- ◆ SE1 私は，自分に満足している
- ■ SE2 私は，自分がだめな人間だと思う
- ▲ SE3 私は，自分には見どころがあると思う
- × SE4 私はたいていの人がやれる程度には物事ができる
- ○ SE5 私には得意に思うことがない
- ● SE6 私は，自分が役立たずだと感じる
- ◇ SE7 私は自分が，少なくとも他人ぐらいは価値のある人間だと思う
- ＋ SE8 もう少し自分を尊敬できたらと思う
- □ SE9 自分を失敗者だと思いがちである
- ◆ SE10 私は自分自身に対して，前向きの態度をとっている

　「回転する」というのは，この縦軸と横軸をうまく測定値と因子が合致するように回転させることである．次の図は，プロマックス回転のイメージである．

§3　斜交回転　123

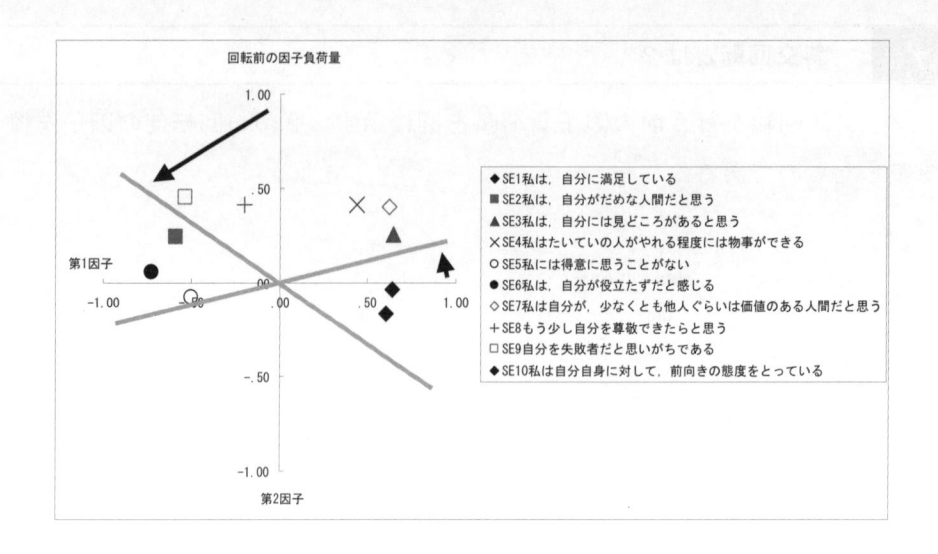

回転前の因子負荷量

◆SE1 私は，自分に満足している
■SE2 私は，自分がだめな人間だと思う
▲SE3 私は，自分には見どころがあると思う
×SE4 私はたいていの人がやれる程度には物事ができる
○SE5 私には得意に思うことがない
●SE6 私は，自分が役立たずだと感じる
◇SE7 私は自分が，少なくとも他人ぐらいは価値のある人間だと思う
＋SE8 もう少し自分を尊敬できたらと思う
□SE9 自分を失敗者だと思いがちである
◆SE10 私は自分自身に対して，前向きの態度をとっている

プロマックス回転というのは，縦軸と横軸をそれぞれ別々に回転させる方法のひとつであり，2つの軸が直角ではなく斜めになることから「**斜交回転**」と呼ばれる．

この2つの軸は，**因子間相関が0の時に直角**となる．すでに説明したように，直交回転の1つであるバリマックス回転は，直角を保ったまま回転する方法であった．

プロマックス回転は軸をそれぞれ別に回転させるので，因子間に相関があってもかまわない．また，結果的に因子間相関が0に近くなることもある．

因子分析を行う時には，バリマックス回転のような直交回転ではなく，プロマックス回転のような斜交回転を推奨する研究者もいる．プロマックス回転を行い，因子間相関が0に近いことを確認した後で，バリマックス回転を行う場合もある．

第6章 演習問題

YGPI検査（YG性格検査®）を50名に実施した．YGPI検査は以下に示す12の下位尺度で構成されている．これらの下位尺度を因子分析し，構造を検討しなさい．

なお，因子分析の手法は主因子法・プロマックス回転とし，因子数は2を指定すること（因子分析のウインドウで 因子抽出(E) ⇒ ［抽出の基準］の［因子数(N):］を2とする）．　　　　　　　　　　　　　　　（解答は，p.126）

D:抑うつ性	Ag:攻撃性
C:回帰性傾向	G:一般的活動性
I:劣等感	R:のんきさ
N:神経質	T:思考的外向
O:主観的	A:支配性
Co:非協調的	S:社会的外向

NO	D	C	I	N	O	Co	Ag	G	R	T	A	S
1	13	15	10	4	16	8	7	19	18	16	8	6
2	9	19	15	13	11	13	16	12	19	14	6	12
3	18	3	10	7	4	3	7	16	14	12	12	14
4	7	12	10	9	6	6	9	6	12	9	7	11
5	7	12	10	15	12	13	9	6	12	10	6	11
6	19	13	16	16	15	10	10	9	12	4	8	12
7	14	14	1	18	18	8	16	14	0	16	9	18
8	20	19	16	19	15	11	11	14	12	3	9	16
9	18	14	12	10	12	8	14	6	14	10	4	2
10	12	8	16	14	10	10	10	2	10	12	2	8
11	14	13	19	11	15	11	7	6	14	10	10	12
12	14	10	10	6	7	4	7	13	13	14	11	10
13	17	18	16	17	14	17	19	14	9	6	12	7
14	20	17	10	17	18	13	13	10	13	4	11	12
15	16	17	18	15	12	13	7	11	12	10	6	11
16	16	10	4	10	10	12	10	12	14	6	4	12
17	16	16	18	16	14	12	8	4	10	10	4	4
18	20	8	12	14	12	8	10	0	8	4	1	2
19	20	9	11	14	13	11	3	11	11	4	10	16
20	20	19	14	16	14	14	16	5	14	8	11	9
21	14	14	14	14	12	6	16	6	14	10	4	8
22	14	9	16	6	10	3	11	17	18	13	11	15
23	0	6	4	10	4	4	14	4	12	12	12	14
24	16	18	10	12	10	4	8	9	8	4	4	3
25	15	13	17	13	16	4	6	12	6	5	6	6
26	14	16	16	16	10	11	9	5	11	5	4	6
27	20	18	18	16	12	16	12	5	10	4	9	12
28	18	18	18	16	10	16	12	2	8	6	0	4
29	16	11	10	10	8	8	7	7	7	5	7	3
30	7	1	9	5	7	9	15	10	18	12	14	18
31	12	8	16	5	7	6	8	9	12	10	6	8
32	4	10	8	7	6	6	10	12	8	10	4	8
33	8	3	5	9	6	7	12	15	8	7	12	18
34	14	16	18	18	14	18	10	4	16	6	4	8
35	20	6	8	10	9	12	2	15	4	10	6	8
36	20	17	15	16	14	10	13	9	11	6	3	12
37	18	17	14	9	12	16	10	19	14	2	12	16
38	8	6	5	10	11	12	11	10	18	8	14	16
39	18	11	13	12	9	5	7	8	8	10	9	7
40	17	16	15	11	15	10	12	10	13	11	3	8
41	18	16	15	14	12	12	8	3	9	10	3	11
42	12	8	6	6	9	5	12	12	10	8	16	8
43	2	3	2	3	1	5	9	13	11	11	12	8
44	18	13	11	10	18	7	16	7	13	15	4	8
45	12	16	18	17	7	5	5	10	10	5	6	
46	0	10	0	6	4	4	16	17	16	18	16	18
47	20	4	9	15	11	10	6	2	4	5	7	3
48	20	12	18	13	17	12	10	3	10	4	9	12
49	15	16	14	17	12	19	12	8	11	12	12	15
50	20	8	15	13	15	17	9	2	4	2	5	2

[第5章　演習問題（p.103）　解答]

　重回帰分析の結果，R^2 は.706，0.1%水準で有意である．また標準偏回帰係数を見ると，身長が負の有意な値（$\beta=-.431, p<.05$），体重が正の有意な値（$\beta=.872, p<.001$）となっている．年齢（$\beta=-.030$）と体型不満度（$\beta=.134$）については有意な値ではない．したがって，身長が低く体重が重い人ほど，減量希望量は大きくなるといえる．

　なお重回帰分析の手法として，複数の説明変数から予測に必要な説明変数を自動的に選択するステップワイズ法などがあるが，どの程度予測できないかも明らかにするために，ここでは強制投入法を用いた．

モデル集計

モデル	R	R2乗	調整済みR2乗	推定値の標準誤差
1	.840a	.706	.628	2.4689

a. 予測値:(定数)、体型不満度，身長，年齢，体重．

係数a

モデル		非標準化係数		標準化係数	t	有意確率	共線性の統計量	
		B	標準誤差	ベータ			許容度	VIF
1	(定数)	29.338	19.982		1.468	.163		
	身長	-.348	.130	-.431	-2.681	.017	.759	1.317
	体重	.580	.114	.872	5.067	.000	.661	1.513
	年齢	-.087	.419	-.030	-.208	.838	.970	1.031
	体型不満足	.172	.200	.134	.864	.401	.810	1.235

a. 従属変数: 減量希望量

分散分析b

モデル		平方和	自由度	平均平方	F値	有意確率
1	回帰	219.770	4	54.943	9.014	.001a
	残差	91.430	15	6.095		
	全体	311.200	19			

a. 予測値:(定数)、体型不満度，身長，年齢，体重．
b. 従属変数: 減量希望量

[第6章　演習問題（p.125）　解答]

　主因子法・プロマックス回転後の因子パターンは以下に示す通りである．また，因子間の相関係数は次のようになる．

パターン行列a

	因子	
	1	2
抑うつ性	.607	-.227
回帰性傾向	.839	.262
劣等感	.498	-.340
神経質	.813	-.049
主観的	.831	.133
非協調的	.712	.048
攻撃性	.326	.581
一般的活動性	-.141	.560
のんきさ	.097	.630
思考的外向	-.454	.103
支配性	-.116	.734
社会的外向	-.073	.798

因子抽出法: 主因子法
回転法: Kaiser の正規化を伴うプロマックス法
a. 3回の反復で回転が収束しました．

因子相関行列

因子	1	2
1	1.000	-.375
2	-.375	1.000

因子抽出法: 主因子法
回転法: Kaiser の正規化を伴うプロマックス法

第7章
因子分析を使いこなす

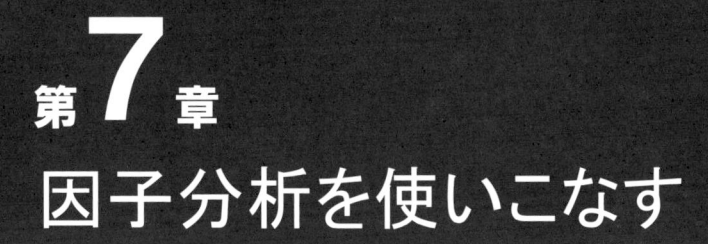

尺度作成と信頼性の検討

Section 1 尺度作成のポイント

1-1 因子分析は何度も行う

　手もとにあるデータをうまく解釈するためには，何度も因子分析を行ってみる必要がある．

　また，因子分析結果の解釈の仕方も1通りに決まるものではないし，解釈を行う際には，その背景にある理論と照らし合わせることが必要となる．

　ここでは，実際に因子分析を行う手順を見ていこう．

1-2 尺度を作成する

　卒業研究などである概念を測定しようと思い，その概念を測定する適切な尺度が先行研究に見当たらない場合，新たな尺度を作成することがある．

- 自由記述をもとに尺度項目を作成したのだが，いくつの下位尺度に分かれるかを調べたい．
- 新たにいくつかの項目からなる尺度を作成したのだが，いくつの下位尺度に分かれるのかを検討したい．
- 先行研究の複数の尺度項目を組み合わせて新たな尺度を作成したのだが，その下位尺度を明らかにしたい．
- 事前に設定した下位尺度どおりに分かれるのかを検討したい．

　……といった場合，因子分析を行う必要がある（ただし，むやみやたらに行うものではない．先行研究で因子数が確定しており，それに疑問がないのであれば，再度行う必要もない）．

1-3　尺度作成の際の因子分析の手順

(1) 因子分析の前に……項目のチェック

　各項目の平均値，標準偏差をチェックし，**天井効果**や**フロア（床）効果**がある項目がないかどうかを検討する．一つの目安としては……

- 平均値＋標準偏差が「とりうる最高値以上」となる　→　天井効果
- 平均値−標準偏差が「とりうる最低値以下」となる　→　フロア効果

　天井効果やフロア効果がみられる時には，得点分布が高い方（低い方）に歪んでおり，尺度項目としてあまり適切とはいえない．また，尖度や歪度を算出して検討することもある．

　ただし，研究目的によっては，そのような項目をあえて含める場合もある．

　項目得点に天井効果やフロア効果が懸念される場合には，懸念される項目の分布を確認（各得点の人数をチェック）し，さらに項目内容を考慮して削除するかどうかを決定すること．

　本来は予備調査を行い，天井効果・フロア効果がみられるような項目が存在する可能性を事前に確認した上で本調査を行うのがよいだろう．

(2) 初回の因子分析

　固有値やスクリープロット(p.137)を見て，因子数をいくつにするか決定する．因子数を決定する時の基準には，以下のようなものがある．

1. 研究者が仮説から決める．
2. 固有値やスクリープロットを見て，固有値が大きく落ち込むところまでを採用する．
3. 固有値が1以上の因子数を採用する．
4. 累積寄与率がある程度の値を越えるところで判断する（50%など）．

加えて，回転後に「**解釈可能性**」，つまり抽出された因子をうまく解釈することができるかどうかという観点が重要である．

(3) 2回目以降の因子分析

2回目以降の因子分析で，回転を行う（直交回転：バリマックス回転など，斜交回転：プロマックス回転など）．想定する下位尺度間が相互に独立，つまり「互いに相関を仮定しない」場合は直交回転を行う．想定する下位尺度間に「相関を仮定する」場合は斜交回転を行う．

> ただし，まず斜交回転を行い，相互に相関がみられなければ再度直交回転を行えばよい，と考える研究者もいる．なぜなら人間が回答するような場合では，その回答の背景にある心理的な因子を考える際に，相互に独立であると考えるよりも互いに何らかの関連性があると考えた方がよいともいえるからである．

次に，一定の基準で項目の取捨選択を行う．その基準としては，以下のことが考えられる．

- 共通性が「0.16 以上」であること（直交回転の場合，いずれかの因子に.40 以上の負荷量を示すことが期待されるため）
- 一定の値の因子負荷量を基準とする．たとえば，.35 や.40，.50 など．
- 1つの項目が複数の因子に高い負荷量を示す場合には……
    - ▶ 「尺度作成」が目的の因子分析の場合には，削除することがある．
    - ▶ 因子構造を探る場合や因子得点を算出して後の分析に使用する場合には，削除しないこともある．

項目を削除したら，再度因子分析を行う．このあたりは試行錯誤しながら行う．たとえば，最も基準に合わない1項目を削除してみて再度因子分析を行い，結果を見る．次に，他の項目を削除して再度因子分析を行うなど．

なお，因子分析はあくまでも「今あるデータに基づいて因子を推定する」ものであるため，調査対象が変われば異なる因子が抽出されることも十分に考えられる．

(4) 最終的な因子分析

何度も試行錯誤しながら因子分析をくり返し，最終的な因子分析結果を出力する．最終的な因子分析結果を出力したら，因子分析表を作成する．

レポートや論文の[**結果**]の部分に因子分析の手順を記述する．ただし，因子分析を何回行ったかとか，1つずつどの順番で項目を外していったかなどは書かなくてもよい．

記述する必要があるものは，以下の通りである．

1. 因子抽出法は何を使ったか（主因子法，重み付けのない最小2乗法，最尤法など）
2. 因子数はどうやって決めたか
3. 回転法は何を使ったか
4. 削除した項目数や内容，および削除の基準
5. 因子名はどうやって決めたか
6. 因子分析表（因子負荷量や因子間相関など）

では，実際にやってみよう．

Section 2 尺度作成の実際

2-1 携帯電話反応行動尺度の尺度作成

　ある学生のグループが作成した「**携帯電話反応行動尺度**」の尺度作成を行ってみよう．項目内容は次ページの通りであり，「まったくあてはまらない」（1点）から「とてもよくあてはまる」（6点）までの6件法で測定されている．調査対象は大学生87名である（データは，伊藤・北浦・木野瀬・戸田・畑中・本田・本間・牧野・松浦・渡辺［31］，2003 による）．

　データは，p.134の表の通りである．データを入力する際には，「名前」にH01など変数名を入力し，「ラベル」に変数名と項目内容（文章）を入力しておくと，結果が理解しやすくなるだろう．

◎携帯電話反応行動尺度の項目内容

H01	しばらく留守番電話を設定していて，留守番電話になにも入っていなかったら寂しい
H02	みんなに電話しても一人もつかまらない時に孤独を感じる
H03	メールの語尾に句読点がないと，不快になる
H04	何かに集中している時に電話がかかってくるとイライラする
H05	気づかなかった着信がとても気になる
H06	自分だけ携帯電話の番号を教えられないと仲間はずれにされたような気分になる
H07	重要な内容の時はメールではなく，電話で連絡する
H08	冗談で送ったメールの内容を本気にされるともどかしい
H09	相手がすぐにメールを返さないとイライラする
H10	相手がすぐに電話にでないと，いらだつ
H11	相手からのメールや着信はできるだけ早く返したい
H12	相手から電話がかかってきた時のほうが自分でかけた時よりも長く通話する
H13	相手が授業中の時や仕事中はメールや電話はしない
H14	相手が電話にでないと後日，理由を問いただしたくなる
H15	相手に迷惑なのでワン切り（電話をかけて１コールで切ること）はしない
H16	長時間メールがこないと寂しい
H17	電話に出られない時はできるだけメールですます
H18	電話をかけても相手がでない時は数コールで切る
H19	電話をかけようかメールを送ろうか，相手の状況を考えて迷うことがある
H20	番号，アドレスの変更の知らせが自分だけこないと，自分の存在価値がないような気がする
H21	病気の時，励ましのメールや電話がないと寂しい
H22	夜間に電話をかけない
H23	恋人がいる異性の友達にはなるべく電話しない
H24	電話の途中で電源が切れるとイライラする
H25	電話をかけたい相手がずっと話し中の時，腹が立つ
H26	電話をかけたのに相手が出なくてその後かけ直さずにメールで何の用件か聞かれた時，不快になる
H27	疑問形で終わったメールを送っても返事が返ってこないと寂しい
H28	寂しい時に誰かに電話して，受話器の向こうが騒がしいと仲間はずれにされたような気分になる
H29	その場にいる多くの他人が携帯電話を使っていたら，自分も使ってしまう
H30	電話の途中で切れたのにかけ直してこないと，見放されたような気持ちになる

◎次ページのデータは東京図書Webサイト（www.tokyo-tosho.co.jp）からダウンロード可能．

NO	H01	H02	H03	H04	H05	H06	H07	H08	H09	H10	H11	H12	H13	H14	H15	H16	H17	H18	H19	H20	H21	H22	H23	H24	H25	H26	H27	H28	H29	H30
1	3	4	2	3	4	5	5	3	4	5	2	4	2	5	5	2	6	3	4	4	5	3	2	5	3	2	2
2	3	4	5	3	6	6	6	5	5	6	3	4	3	3	5	5	3	6	5	3	4	5	4	4	2	5	5	4	4
3	4	5	1	5	3	5	3	5	2	3	2	4	1	5	3	4	6	3	2	5	3	4	3	1	4	2	3	4
4	2	3	4	3	4	4	3	4	3	3	4	3	4	4	3	4	4	3	3	4	4	4	4	3	4
5	5	4	1	4	4	4	4	4	3	4	3	4	2	2	3	5	4	4	5	3	4	2	4	2	4	4	4	3	2
6	6	2	1	5	4	3	5	5	1	6	2	1	3	6	1	1	1	5	1	1	1	5	1	6	4	6	1	1	2
7	1	3	2	4	5	3	3	5	3	2	5	3	4	4	2	5	4	4	6	2	1	4	3	5	3	5	3	4	3
8	1	3	2	2	5	4	4	4	4	3	5	4	5	5	3	4	2	5	3	4	2	4	4	4	2	4	3	4
9	5	3	5	5	2	4	3	5	1	1	4	3	2	3	3	3	5	5	3	5	6	2	5	2	6	3	6	4
10	5	4	2	4	3	5	4	4	4	3	6	4	6	5	6	6	4	5	3	6	3	3	4	6	3	6	5	6	5
11	5	4	2	4	3	5	4	4	3	4	5	1	5	3	6	5	5	2	5	4	2	5	4	4	3	5	3	4	3
12	1	1	5	1	5	1	3	5	1	1	4	3	2	1	3	2	5	3	2	4	2	4	5	5	1	5	2	1	2
13	6	1	1	1	6	1	6	1	1	6	3	1	3	3	4	6	2	5	6	1	1	1	1	1	6	1	6	1
14	1	1	1	1	5	4	1	1	4	1	4	4	2	4	5	5	5	2	2	3	4	2	6	2	4	1	5	1	5	4
15	1	1	4	2	4	5	4	2	4	2	4	3	4	3	6	4	5	4	2	4	3	4	3	2	2	4	5	3	2
16	4	4	3	5	2	4	2	3	4	2	4	2	4	5	2	5	2	5	1	3	4	3	2	4	3	4	2
17	2	5	4	2	6	2	6	4	2	6	3	2	3	4	4	4	2	2	3	4	3	5	4	4	5
18	1	2	4	2	3	2	2	5	2	3	3	4	3	2	5	3	5	2	1	4	5	6	4	5	3	1	3	3
19	1	1	6	6	2	1	6	6	1	1	5	6	4	1	6	1	6	2	1	1	1	3	2	5	5	1	5	1	1	6
20	2	4	1	3	5	5	6	6	3	3	5	3	2	3	1	4	6	6	5	3	2	2	1	3	1	3	2	1	2
21	4	4	4	4	5	5	5	4	3	4	5	3	4	3	5	4	3	6	2	4	3	4	3	4	3
22	3	4	2	5	4	6	5	3	5	3	6	4	6	5	4	4	5	3	4	3	4	4	3	3	4	2	5	2	2	3
23	5	6	3	1	3	5	6	6	3	1	6	3	1	6	6	6	4	5	3	6	6	1	3	3	3	2	6	2	6	2
24	1	1	3	4	3	4	2	4	5	2	1	6	1	3	1	6	2	5	3	6	3	5	5	3	1	1	5	1	3	1
25	2	2	2	2	2	2	5	4	5	2	6	4	6	2	2	5	2	4	2	2	7	3	2	1	4	2	3	2
26	4	5	5	3	4	4	3	3	3	3	4	3	3	6	5	4	5	5	3	4	3	4	3	4	4	4	4	4
27	5	4	3	4	5	3	4	3	5	3	4	4	3	5	2	1	5	1	1	1	1	6	6	4	2	2	4	3	5	2
28	1	1	2	4	3	3	5	3	3	5	1	2	1	5	4	4	2	3	3	6	5	3	2	1	5	1	2	2
29	1	1	1	5	5	2	2	2	1	5	3	4	2	3	1	6	6	2	4	4	2	1	6	5	3	4	2	1	2
30	2	1	3	4	4	3	6	4	2	2	5	3	4	1	6	5	5	6	5	4	3	5	6	3	5	6	2	5	5
31	1	1	2	3	3	4	4	5	4	4	1	2	3	5	5	2	3	4	2	4	5	3	4	1	1	1
32	4	5	5	4	4	6	6	4	4	4	3	4	2	5	3	6	5	5	5	2	4	5	6	6	6	6
33	2	2	3	4	2	3	3	4	3	3	2	4	4	5	3	5	3	2	2	5	3	3	2	4	3	3	3	4
34	6	4	3	3	5	6	6	2	4	6	4	1	6	4	6	5	3	4	6	6	5	2	5	3	5	3	4	3	5
35	1	4	1	6	5	4	4	4	2	2	3	3	6	1	3	2	4	4	5	4	2	4	4	3	4	3	4	3	3
36	2	5	2	3	4	4	3	5	3	3	5	3	4	2	5	6	4	3	5	6	4	3	4	4	3	1	5	3	3
37	2	5	4	5	4	3	4	3	3	5	5	4	3	4	4	5	5	2	4	4	1	3	4	4	2	4	4	3	3
38	6	6	6	1	6	4	6	4	3	3	6	2	2	5	6	4	2	4	4	1	3	6	6	6	6	6	6
39	1	1	1	6	1	6	1	1	6	1	6	1	1	6	1	1	1	6	1	1	1	1	1	1
40	1	2	6	6	1	2	5	3	5	6	5	1	3	4	1	2	2	1	1	1	6	1	6	2	5	1	5	1
41	5	4	4	4	5	4	5	4	3	2	5	3	3	5	5	4	3	3	4	1	3	4	4	3	5	4	4	4
42	1	3	2	3	5	4	4	5	2	1	2	4	2	3	6	5	3	4	2	4	3	5	3	3	2	5	5	5	4
43	1	2	1	6	1	2	6	6	2	2	5	4	2	3	3	2	5	5	3	3	5	3	2	2	3	2	4	3
44	5	6	5	6	2	5	6	2	1	5	6	1	5	6	1	5	1	5	6	5	5	1	6	2	5	2	2	1
45	1	1	1	1	1	2	1	2	1	1	4	1	6	1	5	4	4	1	6	6	1	1	1	1	1	1
46	3	4	3	4	5	4	1	2	3	1	6	4	6	1	4	5	6	3	5	3	4	1	3	1	1	4	2	1	3
47	6	6	1	6	1	1	6	6	1	1	6	1	1	1	1	6	5	1	3	1	1	1	1	1	6	1	1	1
48	1	4	1	5	3	4	6	3	3	4	2	3	1	4	6	3	3	4	2	1	1	6	2	4	4	3	4
49	2	5	2	3	2	5	2	3	3	2	5	4	3	2	5	3	4	3	4	4	5	2	2	3	2	5	5	5	3
50	2	3	2	2	2	3	4	4	3	4	3	1	2	2	5	5	4	3	3	2	2	3	4	2	5	4	2	2
51	6	6	1	1	6	6	6	6	1	6	6	1	6	1	6	6	2	1	6	6	6	6	6	6	6
52	1	1	6	4	3	6	1	4	3	1	2	6	1	6	6	1	5	5	5	3	5	4	6	4	3	2	5
53	1	1	1	1	1	4	6	5	5	3	3	1	6	6	2	5	5	4	4	1	6	1	5	4	4	5	1	2	5
54	1	5	4	1	1	2	2	4	4	4	5	2	2	2	2	2	2	2	6	3	2	5	5	2	2
55	6	6	6	1	6	6	1	6	6	1	1	6	6	6	6	6	2	2	6	1	6	6	6	6
56	2	3	1	4	2	5	4	4	2	2	3	3	2	4	3	4	4	3	2	3	4	3	4	4	4	3	1
57	1	1	1	6	6	1	6	6	6	6	1	6	6	6	1	3	1	1	6	6	6	6	1	1	1
58	2	2	3	2	4	3	5	4	1	1	3	2	2	2	1	3	1	2	2	1	2	1	2	2	2	2
59	1	2	4	3	2	3	3	6	5	3	1	4	6	4	3	1	3	5	2	1	6	3	4	3	6	2	4	5
60	4	5	1	3	2	5	2	2	2	2	2	3	3	4	2	5	5	4	2	4	4	5	2	5	2	5	3
61	3	3	3	4	2	3	6	5	1	3	3	3	2	6	3	5	5	3	3	2	4	2	3	2	2
62	4	5	3	2	6	4	3	2	4	3	4	5	2	4	5	4	3	3	5	3	3	4	1	4	2	2
63	1	1	4	5	2	2	3	3	4	4	3	5	4	6	2	5	2	2	2	2	3	5	2	2	3	2	2	3
64	4	5	3	4	6	4	2	4	5	4	6	2	6	6	6	5	5	4	3	4	3	2	2	5	2	4	5
65	6	6	6	4	3	4	4	4	4	3	4	2	6	6	6	6	4	6	6	6	6	6	6	6
66	3	2	4	2	3	3	2	2	3	2	1	1	2	3	2	5	3	2	2	4	5	1	3	3	3	3
67	1	2	1	6	4	6	4	6	3	4	6	5	1	2	1	5	6	5	3	1	6	5	5	2	2	1	6
68	1	5	4	2	3	2	4	6	2	6	6	1	6	5	2	4	4	1	4	2	2	3	5
69	6	4	1	2	3	3	4	4	3	2	3	4	4	4	1	3	2	2	2	4	1	4	2	2	3	2
70	5	3	3	5	5	3	4	3	5	2	5	5	3	5	3	3	5	5	4	4	3	3	3	5
71	1	1	1	6	4	1	2	4	1	6	1	6	1	6	1	1	1	1	1	1	1	4	1	1	3
72	1	1	1	4	4	1	1	1	2	5	2	5	1	4	4	4	4	1	1	6	2	4	5	3	4	4
73	2	6	2	5	5	5	2	3	4	4	4	4	4	5	5	5	2	5	4	2	5	3	4	4
74	3	5	5	6	6	5	5	4	3	2	2	4	4	5	2	3	3	1	4	4	2	4	4	5	4	5
75	4	4	3	4	3	4	5	2	2	2	2	5	2	3	5	1	4	3	5	1	4	6	1	4
76	4	5	5	5	5	5	5	5	4	6	2	5	6	5	3	4	3	5	3	4	5	6	6	4	4	4
77	1	1	1	1	5	4	3	1	1	5	5	1	5	2	5	3	2	1	2	3	1	1	4	2	1
78	1	1	1	4	5	6	6	4	2	4	4	3	5	2	6	6	1	4	1	1	5	1	4	4	6	3	3	2
79	2	3	1	4	5	1	6	4	4	1	5	3	5	1	6	1	6	1	1	3	5	1	3	1	3	1	1
80	1	5	5	2	5	2	1	3	1	1	2	1	1	6	1	1	1	2	1	2	2	2	2	3	5	2	4
81	5	3	1	4	4	4	3	4	4	5	2	6	2	6	2	5	4	1	3	4	3	3	3	4	4
82	1	2	2	4	3	4	2	3	2	4	4	3	5	2	4	6	3	4	1	5	2	4	2	4	4	2	2	1	1
83	2	2	2	2	5	5	5	3	2	5	3	5	4	4	3	6	3	6	3	4	1	4	4	6	6	6
84	1	6	1	1	6	1	3	5	1	1	6	1	1	1	1	6	6	1	1	1	1	1	1	1	4
85	5	6	1	2	3	1	5	1	6	1	6	6	5	4	2	6	5	1	3	2	1	6	1	1
86	1	1	1	5	4	5	4	2	4	2	3	3	6	2	4	4	5	5	2	4	5	4	5	4	4	2	3
87	5	6	5	4	2	6	4	5	6	4	3	2	2	2	6	5	6	6	2	4	6	6	5	6	6	5

2-2 ● 因子分析の前に

30項目の平均値と標準偏差を算出し，天井効果やフロア効果がないかチェックする．

- ［分析(A)］ ⇒ ［記述統計(E)］ ⇒ ［記述統計(D)］ を選択．
  - ［変数(V):］欄に30項目すべてを指定する．
  - OK をクリック．

このデータの場合は，1から6までの6件法で測定しているので，目安としては……

　　　　平均値＋標準偏差が6以上であれば，「天井効果」
　　　　平均値－標準偏差が1以下であれば，「フロア効果」

SPSSで算出した平均値と標準偏差をExcelにコピーし，平均値＋標準偏差，平均値－標準偏差を算出するとわかりやすいだろう．ここでは，1番目の項目にフロア効果が見られるが，1に近い微妙な値なので，この項目も含めて因子分析してみよう．

記述統計量

	度数	最小値	最大値	平均値	標準偏差	平均－SD	平均＋SD
H01	87	1	6	2.79	1.818	0.975	4.611
H02	87	1	6	3.37	1.740	1.628	5.107
H03	87	1	6	2.68	1.646	1.032	4.324
H04	87	1	6	3.43	1.626	1.800	5.051
H05	87	1	6	4.05	1.446	2.600	5.492
H06	87	1	6	3.71	1.486	2.227	5.198
H07	87	1	6	4.03	1.610	2.425	5.644
H08	87	1	6	4.11	1.368	2.747	5.483
H09	87	1	6	3.00	1.338	1.662	4.338
H10	87	1	6	2.68	1.467	1.212	4.145
H11	87	1	6	4.34	1.310	3.035	5.655
H12	87	1	6	3.17	1.432	1.740	4.605
H13	87	1	6	3.02	1.642	1.381	4.665
H14	87	1	6	3.06	1.616	1.441	4.674
H15	87	1	6	4.18	1.674	2.510	5.858
H16	87	1	6	3.84	1.670	2.169	5.509
H17	87	1	6	4.71	1.275	3.438	5.988
H18	87	1	6	3.99	1.459	2.530	5.447
H19	87	1	6	3.74	1.762	1.974	5.497
H20	87	1	6	3.37	1.479	1.888	4.847
H21	87	1	6	3.16	1.591	1.570	4.752
H22	87	1	6	2.98	1.718	1.259	4.695
H23	87	1	6	3.68	1.617	2.061	5.296
H24	87	1	6	3.32	1.498	1.824	4.820
H25	87	1	6	3.61	1.520	2.089	5.129
H26	87	1	6	2.82	1.618	1.198	4.434
H27	87	1	6	4.48	1.247	3.236	5.730
H28	87	1	6	2.85	1.475	1.376	4.325
H29	87	1	6	3.17	1.672	1.500	4.844
H30	87	1	6	3.21	1.556	1.651	4.763
有効なケースの数 (リストごと)	87						

2-3 初回の因子分析（因子数の決定）

- ［分析(A)］ ⇒ ［データの分解(D)］ ⇒ ［因子分析(F)］を選択.
  - ［変数(V):］欄に30項目すべてを指定.
  - 因子抽出(E) ⇒［方法(M)］は主因子法，
    ［表示］の［スクリープロット(S)］にチェックを入れて， 続行 .
  - OK をクリック.

■出力の見方

(1) 因子数を決めるには「初期の固有値」をみる

説明された分散の合計

因子	初期の固有値			抽出後の負荷量平方和		
	合計	分散の %	累積 %	合計	分散の %	累積 %
1	7.261	24.204	24.204	6.892	22.973	22.973
2	2.536	8.453	32.656	2.114	7.046	30.020
3	2.063	6.876	39.532	1.601	5.338	35.357
4	1.892	6.305	45.838	1.439	4.795	40.153
5	1.552	5.172	51.010	1.067	3.556	43.709
6	1.521	5.070	56.080	.985	3.285	46.993
7	1.285	4.283	60.363	.833	2.776	49.769
8	1.197	3.991	64.353	.708	2.360	52.129
9	1.042	3.474	67.828	.555	1.851	53.980
10	.989	3.298	71.125			
11	.937	3.122	74.248			
12	.815	2.715	76.963			
13	.733	2.442	79.405			
14	.695	2.316	81.721			
15	.673	2.244	83.965			

固有値は第1因子より，7.26, 2.54, 2.06, 1.89, 1.55, 1.52, … と変化している．

前後の因子間の固有値の差を算出してみると，第1因子と第2因子の差は4.72，第2因子と第3因子の差は.48，第3因子と第4因子の差は.17，第4因子と第5因子の差は.34，第5因子と第6因子の差は.03である．このことから，第4因子と第5因子の差が，前後に比べて大きいようであることがわかる．

また，回転前の第4因子までの累積寄与率は45.84％で，まずまずの値である．

(2) スクリープロットをみる

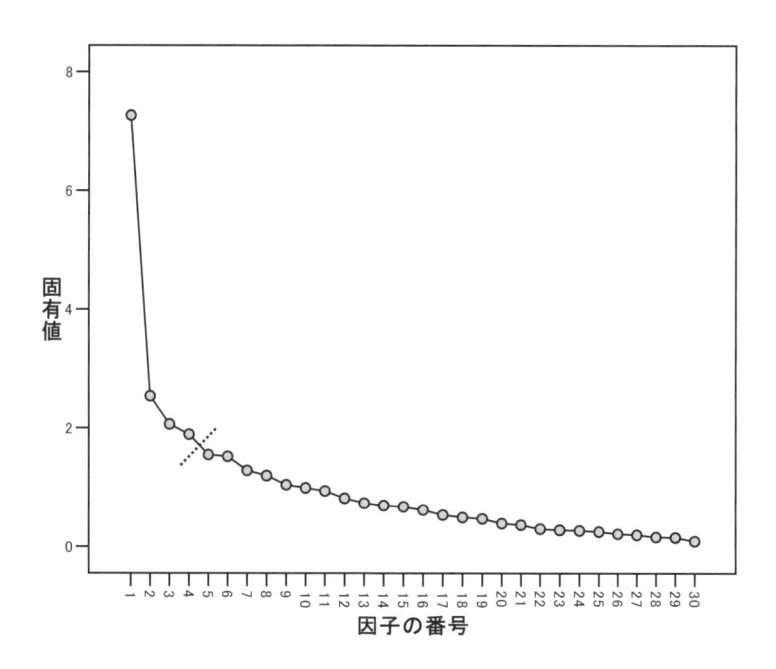

因子のスクリー プロット

　スクリープロットをみると，やはり第4因子と第5因子の間のグラフが前後に比べてやや下に傾いているように見える．

　そこで暫定的に，因子数を「4」と決めて，次の分析を行ってみよう．

2-4 2回目の因子分析（項目の選定）

- ［分析(A)］ ⇒ ［データの分解(D)］ ⇒ ［因子分析(F)］ を選択．
    - ［変数(V):］欄に 30 項目すべてを指定．
    - ［因子抽出］ウィンドウの指定は……
        ［方法(M)］は主因子法．
        ［抽出の基準］の［因子数(N)］をクリックし，枠に 4 と入力する．
    - ［回転］ウィンドウは，［プロマックス(P)］を指定する．
    - オプション(O) ⇒ ［係数の表示書式］で
        ［サイズによる並び替え(S)］にチェックを入れる
        （因子負荷量の順に項目を並べ替える）．
    - OK をクリックする．

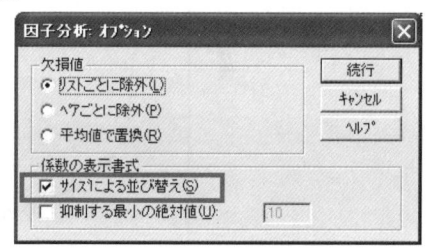

■出力の見方

(1) 因子抽出後の「共通性」をチェック
    - 共通性が著しく低い項目，たとえば H04(.09)，H05(.11)，H12(.07)，H15(.03)などに注意する．

共通性

	初期	因子抽出後
H01	.630	.362
H02	.610	.426
H03	.491	.242
H04	.347	.085
H05	.369	.108
H06	.730	.571
H07	.507	.328
H08	.501	.329
H09	.670	.437
H10	.675	.426
H11	.448	.342
H12	.365	.066
H13	.504	.437
H14	.546	.409
H15	.377	.033
H16	.732	.684
H17	.414	.198
H18	.495	.324
H19	.607	.495
H20	.740	.625
H21	.719	.672
H22	.394	.165
H23	.428	.134
H24	.650	.429
H25	.689	.584
H26	.642	.575
H27	.531	.456
H28	.688	.548
H29	.641	.424
H30	.590	.509

因子抽出法：主因子法

(2)「パターン行列」をみる

> パターン行列を Excel で表にしたものが次の図である.
> 図を見ると，H12, H04, H15, H05 については，
> いずれの因子の負荷量も小さいことがわかる.

	I	II	III	IV
H26 電話をかけたのに相手が出なくてその後かけ直さずにメールで何の用件か聞かれた時、不快になる	.80	-.04	-.08	.01
H25 電話をかけたい相手がずっと話し中のとき腹が立つ	.75	.06	.13	-.03
H10 相手がすぐに電話にでないといらだつ	.68	-.09	.03	.03
H24 電話の途中で電源が切れるとイライラする	.67	.01	-.15	-.14
H09 相手がすぐにメールを返さないとイライラする	.57	.13	-.08	.14
H30 電話の途中で切れたのにかけなおしてこないと見放されたような気持ちになる	.54	.30	-.21	-.01
H14 相手が電話にでないと後日、理由を問いただしたくなる	.52	.13	.09	.07
H07 重要な内容の時はメールではなく、電話で連絡する	.50	-.33	.07	.31
H23 恋人がいる異性の友達にはなるべく電話しない	.40	-.20	-.13	.09
H03 メールの語尾に句読点がないと、不快になる	.38	.14	.05	-.19
H12 相手から電話がかかってきた時の方が自分でかけた時よりも長く通話する	.15	.10	.08	.04
H21 病気のとき励ましのメールや電話がないと寂しい	-.02	.79	.16	-.09
H20 番号、アドレスの変更の知らせが自分だけこないと自分の存在価値がないような気がする	.05	.77	-.02	-.03
H06 自分だけ携帯電話の番号を教えられないと仲間はずれにされたような気分になる	.06	.73	-.02	-.07
H16 長時間メールがこないと寂しい	.18	.70	-.01	.14
H19 電話をかけようかメールを送ろうか、相手の状況を考えて迷うことがある	-.04	.57	-.50	.13
H02 みんなに電話しても一人もつかまらない時に孤独を感じる	-.09	.49	.38	.11
H29 その場にいる多くの他人が携帯電話を使っていたら自分も使ってしまう	.24	.48	.08	-.08
H17 電話に出られない時はできるだけメールですます	-.21	.43	-.15	.19
H01 しばらく留守番電話を設定していて、留守番電話になにも入っていなかったら寂しい	-.05	.43	.39	-.02
H28 寂しいときに誰かに電話して、受話器の向こうが騒がしいと仲間はずれにされたような気分になる	.41	.43	.05	-.23
H27 疑問形で終わったメールを送っても返事が返ってこないと寂しい	.11	.37	.28	.31
H04 何かに集中している時に電話がかかってくるとイライラする	.17	-.31	-.04	.11
H13 相手が授業中の時や仕事中はメールや電話はしない	-.02	-.03	-.64	-.07
H22 夜間に電話をかけない	.09	-.12	-.39	.03
H15 相手に迷惑なのでワン切り(電話をかけて1コールで切ること)はしない	.07	.03	-.17	-.06
H11 相手からのメールや着信はできるだけ早く返したい	-.20	.20	-.08	.55
H18 電話をかけても相手がでない時は数コールで切る	.12	-.11	.05	.55
H08 冗談で送ったメールの内容を本気にされるともどかしい	.02	-.13	.16	.54
H05 気づかなかった着信がとても気になる	.13	.14	-.14	.20

2-5 ● 3回目の因子分析

では次に，因子分析を行う際に，十分な負荷量を示さなかったH04, H05, H12, H15を分析から外し，再度因子分析（主因子法・プロマックス回転）を行ってみよう．

結果は次のようになる．

	I	II	III	IV
H26電話をかけたのに相手が出なくてその後かけ直さずにメールで何の用件か聞かれた時、不快になる	.83	.01	-.14	.04
H25電話をかけたい相手がずっと話し中のとき腹が立つ	.74	-.14	.13	-.03
H24電話の途中で電源が切れるとイライラする	.71	.04	-.20	-.12
H10相手がすぐに電話にでないといらだつ	.67	-.15	.08	.02
H09相手がすぐにメールを返さないとイライラする	.60	.16	-.08	.16
H30電話の途中で切れたのにかけなおしてこないと見放されたような気持ちになる	.54	.39	-.20	-.03
H14相手が電話にでないと後日、理由を問いただしたくなる	.53	.06	.13	.10
H07重要な内容の時はメールではなく、電話で連絡する	.51	-.24	.00	.36
H23恋人がいる異性の友達にはなるべく電話しない	.43	-.08	-.23	.08
H28寂しいときに誰かに電話して、受話器の向こうが騒がしいと仲間はずれにされたような気分になる	.39	.25	.18	-.22
H03メールの語尾に句読点がないと、不快になる	.36	.05	.08	-.19
H19電話をかけようかメールを送ろうか、相手の状況を考えて迷うことがある	-.03	.91	-.53	.08
H20番号、アドレスの変更の知らせが自分だけこないと自分の存在価値がないような気がする	.06	.66	.14	-.04
H16長時間メールがこないと寂しい	.18	.64	.13	.12
H06自分だけ携帯電話の番号を教えられないと仲間はずれにされたような気分になる	.06	.60	.15	-.12
H17電話に出られない時はできるだけメールですます	-.21	.58	-.14	.18
H21病気のとき励ましのメールや電話がないと寂しい	-.04	.55	.38	-.10
H29その場にいる多くの他人が携帯電話を使っていたら自分も使ってしまう	.22	.32	.22	-.09
H01しばらく留守番電話を設定していて、留守番電話になにも入っていなかったら寂しい	-.11	.09	.65	-.01
H02みんなに電話しても一人もつかまらない時に孤独を感じる	-.15	.21	.63	.11
H27疑問形で終わったメールを送っても返事が返ってこないと寂しい	.11	.25	.38	.33
H22夜間に電話をかけない	.09	.16	-.49	.01
H13相手が授業中の時や仕事中はメールや電話はしない	-.03	.30	-.66	-.12
H18電話をかけても相手がでない時は数コールで切る	.13	.03	.04	.56
H08冗談で送ったメールの内容を本気にされるともどかしい	.01	-.04	.15	.55
H11相手からのメールや着信はできるだけ早く返したい	-.20	.35	-.02	.51

今度は，H29の負荷量が低くなってしまった．また，複数の因子に対して .35以上の負荷量を示す項目が3つある（H19, H21, H30）．

さて，このあたりが今後の分析の分かれ道となるところである．

- H29 の第 2 因子の負荷量が低いとはいっても，.32 はあるので，外すかどうか微妙な数値になっている．
- H30 や H21，H19 は複数の因子に高い負荷量を示しているが，H30 は第 1 因子，H19 と H21 は第 2 因子に明らかに高い負荷量を示している．
- 第 4 因子に高い負荷量を示す項目は 3 つしかないため，他の項目を削ると，その影響によって，第 4 因子に所属する項目がなくなってしまうかもしれない．
- 項目をどんどん削っていけば，もともと 4 因子と設定していた前提が崩れて 3 因子の方が適切になってしまうかもしれない．
- もしかしたら，既に削った項目を再度含めてみると，どこかの因子に高い負荷量を示すようになるかもしれない．

さあ，この後，どのように分析を進めていけばよいのであろうか？
ここには「これが正解だ！」というものはない．
「こっちの方がよりよいのではないか？」というものだけである．
この後は，各自で試行錯誤をくり返してみてほしい．

2-6 因子を解釈する

因子分析は行ったら終わりというものではなく，結果が出たら「**因子の解釈**」をする．なお，ここでいう因子の解釈とは，「**因子を命名する**」ことである．

ただし，名前をつける時には，それなりの理由，根拠，説得力が必要になる．自分だけに通用する名前をつけてはいけない．多くの人が項目内容を見て納得できる名前をつけることが重要である．ここは，研究者のセンスが問われる部分とも言えるだろう．

たとえば，**2-5**で示された3回目の因子分析結果を見ると……

> - 第1因子には，相手の反応がなかったり遅かったりすることによるいらだち，怒り，不快感を意味する項目が高い負荷量を示していると考えられる．ただし，H30以下の項目は，やや違う意味合いを表しているようにも思えるが，これをどう考えればよいだろうか．
> - 第2因子は相手からの連絡がない時に，寂しさや仲間はずれ，存在価値が失われたと感じるなどの項目が高い負荷量を示しているようである．ただ，最も高い負荷量を示したH19をどう解釈するかがポイントかもしれない．
> - 第3因子は寂しさや孤独感が正の負荷量を示しているが，同時に"夜中には電話をかけない""仕事中にはかけない"といった内容の項目が負の負荷量を示している．この負の負荷量を示す項目の存在が，この因子の特徴となっているようにも思われる．
> - 第4因子は3項目のみであった．この3項目に共通する「概念」とは何であろうか……？

たとえば，第1因子をいらだち・不快感，第2因子を疎外感，第3因子が孤独感，第4因子は焦燥感といった命名が考えられる．こうやって解釈を考えてみると，最初の項目内容の作り方に大きく左右されることにも気づくだろう．

さて，以上のことを考慮に入れながら，因子に名前をつけてみてほしい．

Section 3 尺度の信頼性の検討

因子分析を行って，下位尺度が決定したら，次は「**尺度の信頼性の検討**」を行う．

信頼性の検討のしかたにはいくつかの方法があるが，よく使われる方法として，ここでは「α(アルファ) 係数」を算出する方法を学ぶ．

α 係数がある程度の数値（.70 や .80）以上であれば，尺度の「内的整合性が高い」と判断される．ただしこれは測定している概念や項目数などにもよるので，明確な基準があるわけではない．しかし，.50 を切るような尺度は再検討すべきであるかもしれない．ただし，α 係数は高ければ高いほどよいのかというと，必ずしもそうではない．極端な話をすれば，全く同じ内容の項目を複数用意して測定すれば，α 係数は非常に高くなる．しかし，そのような尺度が望ましいとは言えないだろう．

3-1 ● α係数

たとえば，先ほどのデータで，α 係数を算出してみよう．

本当はもう少し項目を取捨選択しながら因子分析をくり返し，結果を洗練させる必要があるのだが，先ほどの「3 回目の因子分析」(p.140) の結果を採用したとしよう．

- 第 1 因子に高い負荷量を示した項目は
  - H26, H25, H24, H10, H09, H30, H14, H07, H23, H28, H03 の 11 項目．
- 第 2 因子に高い負荷量を示した項目は
  - H19, H20, H16, H06, H17, H21 の 6 項目．
- 第 3 因子に高い負荷量を示した項目は
  - H01, H02, H27, H22(逆転), H13(逆転) の 5 項目．
    - H22 と H13 は「負の負荷量」を示しているので，「**逆転項目**」とする．

- 第4因子に高い負荷量を示した項目は
  - H18, H08, H11 の3項目．

　ここで，第3因子に注目してほしい．H22とH13は第3因子に負の負荷量を示していたので，**逆転項目**と考えられる．そこでα係数を算出する前に，「逆転項目の処理」を行っておく必要がある．これをしないとα係数が極めて低い値となってしまう．「α係数が予想よりもはるかに低かった」と報告しているレポートなどで，実際には逆転項目の処理を誤っていたケースがあるので気をつけてほしい．

■逆転項目の処理

　新たに，「H22逆」「H13逆」という変数を増やす（これから説明するやり方以外に変数を新たに置き換えてしまう方法もあるが，もとの数値を残した方がよい場合が多いので，ここでは変数を追加する方法を説明する）．
- SPSSの[**データビュー**]を開く．
- [**変換(T)**]メニュー ⇒ [**計算(C)**] を選択．
  - [**目標変数(T)**]に，H22逆と入力．
  - [**数式(E)**]に「7－」とキーボードから入力（あるいはマウスで数字と記号を選択）し，H22を選択して，▶ をクリック．
    - この場合，「7 － H22」という表示になる．
    - この尺度の項目は1点から6点までの得点範囲をとるため，逆転させる時には「7」から引く（もちろん，1点から5点までの得点範囲であれば「6」から，0点から5点までの得点範囲であれば「5」から引き算する）．
  - OK をクリックすると，新たに変数が付け加えられる．

　H13についても，同様に逆転項目の処理をしておこう．

なお，［変換(T)］ ⇒ ［値の再割り当て(R)］ ⇒ ［他の変数へ(D)］ でも逆転項目の処理が可能である．その場合，今までの値と新しい値(O) で1を6，2を5，3を4，4を3，5を2，6を1に置き換える操作を行う．多くの逆転項目がある場合，この作業の方が効率的なので各自で身につけてほしい．

■α係数の算出

では，逆転項目の処理を行った第3因子の項目（H01, H02, H27, H22(逆転), H13(逆転)）について，α係数を算出してみよう．

- ［分析(A)］ ⇒ ［尺度(D)］ ⇒ ［信頼性分析(F)］ を選択．
    - 5つの項目を［項目(I)］に指定する．
    - ［モデル(M):］は**アルファ**となっていることを確認．

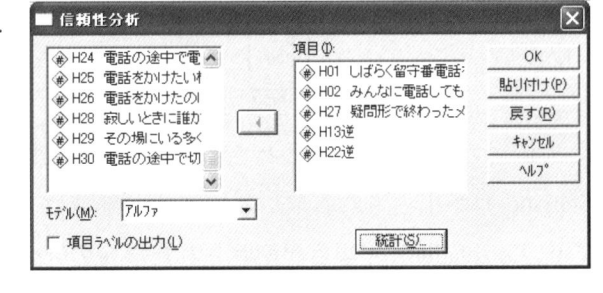

    - 統計(S) をクリックすると，いくつかの統計指標を算出できる．
        - ★ここでは，［記述統計］の［尺度(S)］［項目を削除したときの尺度(A)］と，［項目間］の［相関行列(L)］にチェックを入れておこう ⇒ 続行 ．

    - OK をクリック．

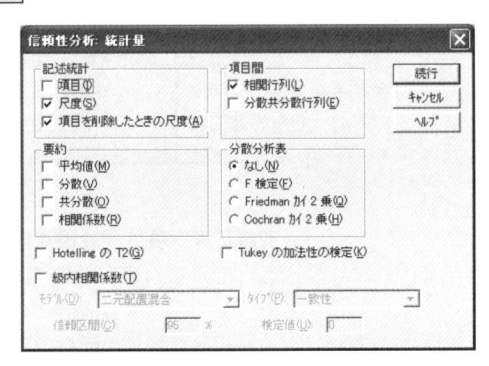

§3 尺度の信頼性の検討

■α係数の出力 (11.5J以前では，英語での出力となる)

上から出力内容を説明しよう．α係数は，**信頼性統計量**の左の**Cronbachのアルファ**の部分に.660と出力されている．

信頼性統計量

Cronbach のアルファ	標準化された項目に基づいた Cronbach のアルファ	項目の数
.660	.667	5

相関行列の指定をしたので，**項目間の相関行列** (Correlation Matrix) が出力される．

項目間の相関行列

	H01	H02	H27	H13逆	H22逆
H01	1.000	.587	.311	.170	.150
H02	.587	1.000	.362	.263	.110
H27	.311	.362	1.000	.323	.196
H13逆	.170	.263	.323	1.000	.383
H22逆	.150	.110	.196	.383	1.000

分散共分散行列が計算され、分析で使用されます。

次に「項目を削除したときの尺度」を指定したので，**項目合計統計量** (Item-total Statistics) が出力される．ここで重要な部分は，**修正済み項目合計相関** (Corrected Item-Total Correlation) と**項目が削除された場合のCronbachのアルファ** (Alpha if Item Deleted) の部分になる．

項目合計統計量

	項目が削除された場合の尺度の平均値	項目が削除された場合の尺度の分散	修正済み項目合計相関	重相関の2乗	項目が削除された場合の Cronbach のアルファ
H01	15.85	18.291	.455	.362	.588
H02	15.28	18.202	.502	.396	.563
H27	14.16	21.974	.440	.205	.606
H13逆	14.67	19.969	.409	.233	.610
H22逆	14.62	21.122	.291	.161	.665

> **＜修正済み項目合計相関＞**
> これは，その項目の得点と，その項目「以外の」項目の合計得点との相関係数である．1つの尺度を構成する時には，そこに含まれる項目群がある程度同じ方向性をもつ必要がある．相関でいえば，互いにある程度の正の相関関係にある必要がある，ということである．修正済み項目合計相関が低い値であったり，負の値をとるなどの場合には，その項目を尺度として含めるのは望ましくないことになる．なお，逆転項目の処理をしないでこの分析を行うと，負の相関係数となる．

＜項目が削除された場合のCronbachのアルファ＞

これは，「その項目を除いた場合に」α係数がいくつになるかを表す．たとえば今回の分析結果から，5項目全体のα係数は.660であるが，もし「H01」を除いて尺度を構成すると，α係数は.588と下がってしまうことがわかる．上記の修正済み項目合計相関が低い項目だと，その項目を削除した方がα係数が上がるという結果もあり得る．これはH22に注目すればわかるだろう．しかしこの結果程度の上がり具合だと，H22を尺度から外すほどでもないとも考えられる．明らかに上昇する（0.1以上上昇するなど）場合には削除した方がよいかもしれない．

◎たとえば，逆転項目の処理をしないと下のような結果となる（H13とH22の逆転していないデータを指定した結果）．

信頼性統計量

Cronbachのアルファ	標準化された項目に基づいたCronbachのアルファ	項目の数
.200	.184	5

項目間の相関行列

	H01	H02	H27	H13	H22
H01	1.000	.587	.311	-.170	-.150
H02	.587	1.000	.362	-.263	-.110
H27	.311	.362	1.000	-.323	-.196
H13	-.170	-.263	-.323	1.000	.383
H22	-.150	-.110	-.196	.383	1.000

分散共分散行列が計算され，分析で使用されます．

項目合計統計量

	項目が削除された場合の尺度の平均値	項目が削除された場合の尺度の分散	修正済み項目合計相関	重相関の2乗	項目が削除された場合のCronbachのアルファ
H01	13.85	9.640	.281	.362	-.082[a]
H02	13.28	9.970	.284	.396	-.072[a]
H27	12.16	13.741	.089	.205	.171
H13	13.62	15.099	-.132	.233	.376
H22	13.67	13.434	-.022	.161	.283

a. 項目間の平均共分散が負なので，値が負になります．これは，信頼性モデルの仮定に反しています．項目のコーディングをチェックしてください．

相関行列に負の値があり，項目合計統計量の修正済み項目合計相関にも負の値がある．α係数は.20と，尺度として使うには不十分なレベルの数値しか示していない．

次に「尺度」の指定をしたので，**尺度の統計量**（Statistics for Scale）が出力される．これは，尺度として指定した5項目全体としての平均値，分散，標準偏差である．

尺度の統計量

平均値（ラン検定）	分散	標準偏差	項目の数
18.64	28.674	5.355	5

第1因子，第2因子，第4因子のα係数も算出してみよう．

3-2 ── 下位尺度得点

次は，**下位尺度得点**を算出してみよう．
「因子得点」と「下位尺度得点」は異なる数値なので注意する．

> **因子得点**は因子分析のオプションで算出することが可能である．平均0，分散1に標準化された値となる．
> **下位尺度得点**は，各因子に高い負荷量を示した項目の得点を合計したり，高い負荷量を示した項目の平均値を計算したりして算出する．

レポートや論文を書く際には「どうやって尺度の得点を算出したのか」を記述する必要がある．

ときに，因子分析の斜交回転後の「因子間相関」と下位尺度得点を算出した後の「下位尺度間相関」を混同しているケースもあるので，記述する時には注意してほしい．

では，上記のデータにおける第3因子の「下位尺度得点」を算出しよう．

- [**変換(T)**]メニュー ⇒ [**計算(C)**] を選択．
  - [**目標変数(T)**]に下位尺度得点の名前を入力する．とりあえず，**合計3**としておこう．
  - [**数式(E)**]の枠内に「H01 + H02 + H27 + H22逆 + H13逆」と入力
    （マウスでクリックして指定すればよい）．
    ★なお，「sum」関数を使用して合計を算出してもよい．
  - OK をクリックすれば，尺度得点の変数が付け加わる．
- 「5項目の平均値」を下位尺度得点としたい場合には……
  - 名前を**項目平均3**に，数式を，（H01 + H02 + H27 + H22逆 + H13逆）/5 という計算式にすればよい（5項目の平均値なので，足して5で割る）．

なお，今回のように下位尺度で項目数が異なる場合には「合計値」を下位尺度得点とすると，項目数が多い下位尺度は値が高く，少ない下位尺度は低くなるので，直観的にどの下位尺度の値が高いのかがわからなくなる．その場合は「**項目平均値**」を下位尺度得点とした方がよいだろう．

	合計3	項目平均3
1	18	3.60
2	18	3.60
3	18	3.60
4	17	3.40
5	21	4.20
6	24	4.80
7	15	3.00
8	15	3.00
9	21	4.20
10	22	4.40
11	25	5.00
12	16	3.20
13	25	5.00
14	17	3.40
15	13	2.60
16	16	3.20
17	22	4.40
18	15	3.00
19	14	2.80
20	19	3.80
21	16	3.20
22	14	2.80
23	29	5.80
24	18	3.60
25	14	2.80
26	20	4.00
27	18	3.60
28	14	2.80
29	14	2.80
30	14	2.80

3-3 数値で被調査者を分類する

　研究の目的によっては，ある得点の平均値（や中央値）で高群と低群に分け，その後の分析を行いたい場合がある．上記で下位尺度得点を算出した第3因子の平均値（18.64）で，被調査者を高群と低群に分けてみよう．

- ［変換(T)］ ⇒ ［値の再割り当て(R)］ ⇒ ［他の変数へ(D)］ を選択．
    - ［数値型変数->出力変数(V):］に，**合計3**を指定する．
    - ［変換先変数］の名前に**カテゴリ**と入力する（これは，このデータセットで使用していない名前であれば何でもよい）．

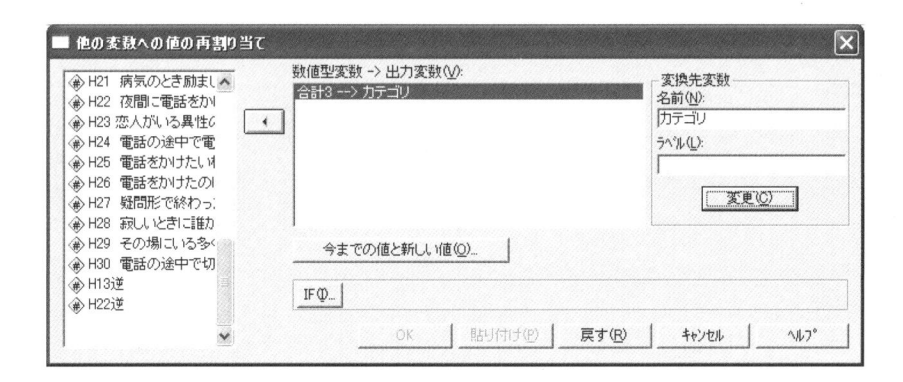

    - 今までの値と新しい値(O) をクリック．
        - **合計3**の平均値は18.64なので，18点以下と19点以上の2群に分けることにする．
    - ［範囲(G):］をクリック．
        - ［最小値から］の右側の枠に18と入力．
        - ［新しい値］の［値(L):］の右側に0と入力
        （18点以下を0とする）．

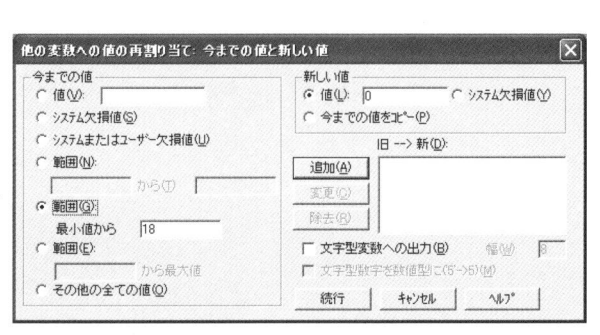

§3　尺度の信頼性の検討

> 追加(A) をクリック．

  [範囲(E)：]をクリック．

- [から最大値]の左側に，19 と入力．

- [新しい値]の[値(L)：]の右側に，1 と入力（19点以上を1とする）．

- 追加(A) をクリック．

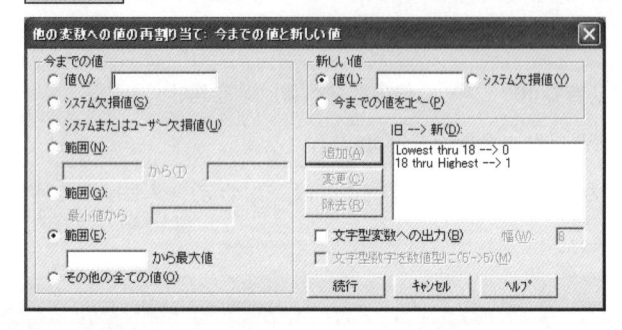

> 続行 をクリック．

- OK をクリックすれば，**カテゴリ**という名前の新しい変数が加わり，**合計3**が18点以下のケースには0，19点以上のケースには1と表示される．

	合計3	カテゴリ
1	18	0
2	18	0
3	18	0
4	17	0
5	21	1
6	24	1
7	15	0
8	15	0
9	21	1
10	22	1
11	25	1
12	16	0
13	25	1
14	17	0
15	13	0
16	16	0

……といった作業を行い，たとえば，この第3因子の高群と低群で他の得点を比較する（ t 検定）など，他の分析を続けていくのである．

Section 4 主成分分析

因子分析に類似した手法に「**主成分分析**」がある．ここでは，両者の類似点と相違点をみてみたい．

4-1 主成分分析の目的

第6章で，因子分析をする目的は「共通因子を見つけること」であった．その一方で，主成分分析の目的は「情報を縮約すること」である．

因子分析のイメージは右のようなものであった．

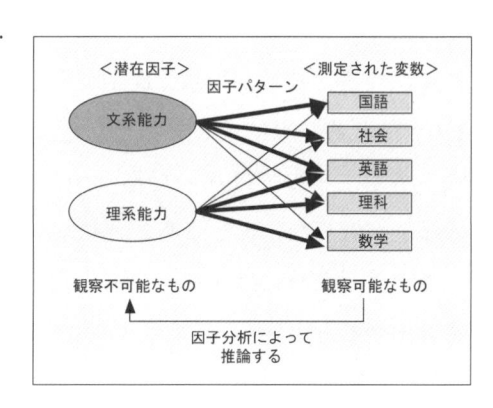

一方で，主成分分析のイメージは右下のようになる．

主成分分析は，観測された変数が共有する情報（たとえば互いの相関係数）を，合成変数として集約する分析手法である（したがって，矢印の向きが因子分析とは逆になる）．

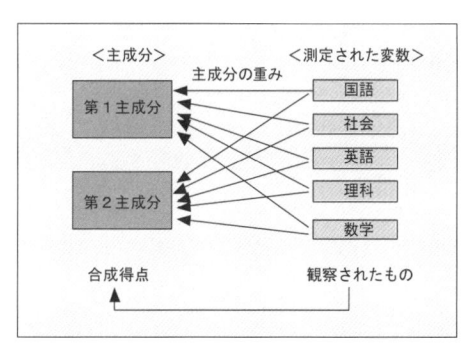

§4 主成分分析

> - 第1主成分には測定された情報の共通点が集約される．
> - 第2主成分は第1主成分に集約された残りの情報の中から，さらに共通する情報が集められる．
> - 第3主成分以降も同様に，上位の主成分の残りの情報の中から共通する情報が集められる．

4-2 どんな時に主成分分析を使うか

　主成分分析を用いるのは，主として「合成得点を算出したい」時である．

　たとえば，5教科のテスト結果がわかっている時，よく5教科の得点を合計し，総合得点を算出する．たとえば国語の平均が30点(標準偏差:SD 10)，数学の平均が70点(SD 20)である定期試験を考えてみよう．このような時に国語と数学の合計得点を算出することを考えてみてほしい．国語が得意なA君は国語が40点，数学が50点であったので，合計は90点になる．数学が得意なB君は国語が20点，数学が90点であったので，2教科の合計は110点になる．単に足しあわせただけの合計得点には，数学の得点の影響がより大きく反映してしまうのではないだろうか．数学が得意な学生が上位を占め，国語が得意な学生の順位が低くなってしまうことになり，あまりフェアなやり方とはいえないだろう．

　このような時には主成分分析を用いて，各教科の点数に「重み付けをして」，合成得点を算出するとよい．

4-3 主成分分析の分析例

では，第 6 章 § 2 (p.108) での 5 教科のデータを用いて，主成分分析を行ってみよう．

■主成分分析

- ［分析(A)］⇒［データの分解(D)］⇒［因子分析(F)］を選択．
  - ［変数(V):］に，国語・社会・数学・理科・英語を指定するのは，前と同様．
  - 因子抽出(E) をクリック．
    - ［方法(M)］は，主成分分析 を指定．
    - ［抽出の基準］の［最小の固有値(E):］は 1 でよい．
    - ［回転のない因子解(F)］にチェックをいれておく．
    - 続行 をクリック． 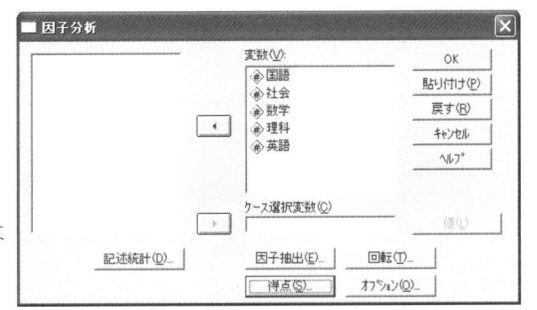
  - 合成得点を算出したい時には，得点(S) をクリックする．
    - ［変数として保存(S)］にチェックを入れる．
    - ［方法］は，［回帰法(R)］を選択する．
  - 続行 をクリックし，OK をクリック．

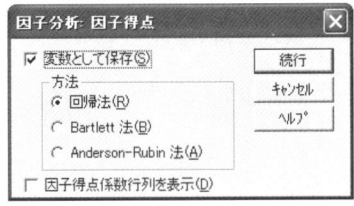

［注］主成分分析を行う場合は「回転をしない」ので注意すること．

■出力の見方

- 因子分析の時と同様に，**共通性**が出力される．ただし，初期の固有値はすべて「1」になる．

共通性

	初期	因子抽出後
国語	1.000	.667
社会	1.000	.668
数学	1.000	.579
理科	1.000	.770
英語	1.000	.594

因子抽出法: 主成分分析

- 因子分析の時と同様に，**固有値**等が出力される．

説明された分散の合計

成分	初期の固有値			抽出後の負荷量平方和		
	合計	分散の %	累積 %	合計	分散の %	累積 %
1	2.196	43.918	43.918	2.196	43.918	43.918
2	1.082	21.642	65.560	1.082	21.642	65.560
3	.703	14.067	79.627			
4	.630	12.610	92.237			
5	.388	7.763	100.000			

因子抽出法: 主成分分析

一番左上の部分が，因子分析では「因子」となっていたが，主成分分析では「成分」となっている．また，回転を行っていないので，「回転後の負荷量平方和」は出力されない．全分散のうち2つの主成分で説明される部分は **65.56%** となっている．

- **成分行列**が出力される．

成分行列ª

	成分	
	1	2
国語	.563	.592
社会	.538	.615
数学	.665	-.370
理科	.750	-.455
英語	.764	-.100

因子抽出法: 主成分分析
a. 2 個の成分が抽出されました

因子分析では「因子行列」であったが，主成分分析では「**成分行列**」となる．ここで表示される数値は「**重み**」と呼ばれる．第1主成分には5教科いずれも正の重みを示している．したがって，**第1主成分**は「**総合学力**」と解釈することができるだろう．第2主成分は，国語と社会が正の重み，**数学**と理科が負の重みを示している．したがって，**第2主成分**は，「文系教科と理系教科の**いずれの得点が高いか**」を表すと解釈することもできるだろう．

- 合成得点（この場合は「**主成分得点**」）を算出するように指定したので，2つの主成分に相当する得点が各ケースについて算出される．

	国語	社会	数学	理科	英語	FAC1_1	FAC2_1
1	52	58	62	36	31	-1.10340	1.12913
2	49	69	83	51	45	.73928	.07490
3	47	71	76	62	41	.82916	-.18431
4	53	56	66	50	28	-.57364	.30243
5	44	52	72	60	38	.00059	-1.16273
6	39	69	54	50	34	-.74540	.61276
7	50	67	66	45	31	-.47371	.97139
8	53	75	81	62	56	1.72812	.06620
9	41	54	51	48	54	-.54142	-.11341
10	63	53	55	44	35	-.70140	1.24265
11	39	39	71	59	42	-.37103	-2.11770
12	55	47	82	55	51	.68680	-1.05377
13	53	64	69	57	40	.38415	.21409
14	78	79	66	58	54	1.80441	2.31646
15	56	62	89	67	38	1.29635	-.83475
16	37	61	69	58	53	.39081	-.97612
17	60	55	85	48	45	.61621	-.04431
18	46	49	60	47	31	-1.10295	-.15830
19	37	59	69	32	23	-1.68384	.42228
20	39	51	62	53	24	-1.17909	-.70690

主成分得点は，**平均が「0」，分散（標準偏差）が「1」になる．**

ここで，新たに算出された2つの主成分得点間の相関係数を算出してみてほしい．主成分得点間の相関係数は「$r = 0$」，つまり無相関になることを覚えておこう．

第7章　演習問題

10項目からなる友人獲得尺度（小塩[33], 1999）を30名に実施したデータを因子分析し，尺度構成を行いなさい．　　　　　　　　　　　　　　（解答例は，p.158）

［手順］

1. 因子分析
    - 1回目の因子分析を行い，いくつの因子が適当かを判断する．
    - 2回目の因子分析を主因子法・プロマックス回転で行い，因子負荷量を見ながら外す項目を決める．
    - 3回目の因子分析を行い，因子負荷量を見ながら外すべき項目がないかどうかをチェックする．
    - 最終的な因子分析が終わったら，得られた因子に名前を付ける．
2. α係数の算出
    - 因子分析の結果をもとに，各下位尺度のα係数を算出する．

［項目］

F1　悩みを話し合えるような友人ができた
F2　たくさんの友人と一緒に遊ぶようになった
F3　一生つきあっていけるような友人ができた
F4　グループで色々なことをするようになった
F5　言いたいことを何でも言い合える友だちができた
F6　みんなで一緒にいることが多くなった
F7　お互いに信頼できる友人ができた
F8　たくさんの人と知り合いになった
F9　友達と心から理解し合えるようになった
F10　友達グループの一員になった

番号	F1	F2	F3	F4	F5	F6	F7	F8	F9	F10
1	4	4	3	4	3	4	3	4	4	4
2	3	2	4	4	4	2	4	5	2	4
3	3	4	4	2	2	4	4	3	2	4
4	1	1	4	3	2	1	2	5	1	4
5	4	4	5	5	3	3	3	4	4	4
6	4	4	3	1	2	2	1	3	2	4
7	1	2	3	4	2	3	1	2	1	4
8	3	3	4	3	3	2	3	3	3	3
9	5	1	3	5	3	3	2	1	3	4
10	3	2	4	2	2	3	3	4	4	4
11	5	4	5	4	3	4	5	3	5	5
12	2	3	4	3	2	1	3	2	1	2
13	2	3	2	4	2	3	2	3	2	3
14	5	4	3	5	3	3	2	4	4	3
15	4	4	4	3	2	2	4	4	3	4
16	3	4	4	3	3	1	5	3	2	4
17	5	3	3	4	2	3	2	4	1	5
18	3	4	4	4	4	3	4	2	3	4
19	1	3	4	5	3	1	3	5	1	5
20	3	2	3	4	2	3	3	4	4	3
21	3	4	3	4	3	1	3	2	3	2
22	3	4	3	4	2	3	3	4	4	3
23	1	1	2	5	3	1	3	3	2	5
24	1	1	1	5	3	5	3	5	1	5
25	5	4	5	5	3	3	3	4	3	5
26	3	4	1	3	3	1	3	3	1	1
27	5	4	4	4	3	4	2	5	4	4
28	2	3	2	3	4	2	4	3	3	4
29	2	1	4	1	1	3	3	1	1	1
30	2	5	3	2	3	1	3	4	4	3

[第7章 演習問題(p.156)解答例]

- 固有値の変化を見ると，2因子，3因子，4因子のいずれかが妥当なようである．

説明された分散の合計

因子	初期の固有値			抽出後の負荷量平方和			回転後の
	合計	分散の %	累積 %	合計	分散の %	累積 %	合計
1	2.728	27.282	27.282	2.152	21.520	21.520	1.934
2	1.827	18.274	45.555	1.260	12.597	34.117	1.668
3	1.401	14.005	59.560				
4	1.051	10.514	70.074				
5	.885	8.854	78.928				

- そこで，2因子，3因子，4因子それぞれを仮定して因子分析（主因子法・プロマックス回転）を行ってみると，3因子構造では第3因子に最も高い負荷量を示す項目が2つしかなく，尺度を構成するにはあまり適切ではないといえるだろう．また4因子構造ではパターン行列が算出されないため，2因子構造が適切ではないかと判断される．

- 2因子構造として因子分析（主因子法・プロマックス回転）を行ったところ，F6とF7がいずれの因子にも.35以上の負荷量を示していなかった．
- そこでF6とF7を削除して再度因子分析を行ったところ，因子パターンは右図のようになった．
- 因子名としては，たとえば，第1因子を「親友の獲得」，第2因子を「友人集団の獲得」と命名することができるだろう。
- この場合，「親友の獲得」（F1，F2，F3，F9）のα係数は.73であり，「友人集団の獲得」（F4，F5，F8，F10）のα係数は.67である．

パターン行列[a]

	因子	
	1	2
F1_悩みを話し合えるような友人ができた	.741	.027
F9_友達と心から理解し合えるようになった	.722	.116
F2_たくさんの友人と一緒に遊ぶようになった	.664	-.115
F3_一生つきあっていけるような友人ができた	.416	-.026
F4_グループで色々なことをするようになった	-.088	.725
F10_友達グループの一員になった	-.041	.688
F5_言いたいことを何でも言い合える友だちができた	.129	.491
F8_たくさんの人と知り合いになった	.013	.456

因子抽出法: 主因子法
回転法: Kaiser の正規化を伴うプロマックス法
a. 3回の反復で回転が収束しました。

第8章 共分散構造分析

パス図の流れをつかむ

Section 1 パス解析とは

パス解析とは，重回帰分析や共分散構造分析を応用した解析のことである．

パス解析では，変数の因果関係や相互関係を図（パス図；パス・ダイアグラム）で表現する．

1-1 パス図を描く

パス図とは，変数間の相関（共変）関係や因果関係を矢印で結び，図に表したものである．まずは，基本的なパス図の描き方を学んでいこう．

(1) 矢印

- **因果関係**は片方向きの矢印「→」で，**相関関係（共変関係）**は双方向の矢印「↔」で表す．この矢印（→や↔）を「**パス**」という．
- パスの傍らには，「**パス係数**」と呼ばれる数値や有意水準（*,**,***）が記入される．
- 片方向きの矢印に記入するパス係数は，（重）回帰分析や共分散構造分析などで算出される，標準偏回帰係数を用いる（なお回帰分析の結果は，パス係数の近似値になる）．
- 双方向の矢印の場合は，相関係数や偏相関係数を記入する．

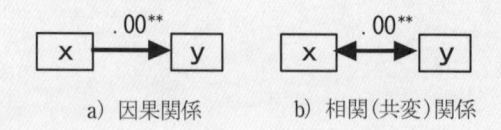

```
  .00**              .00**
x ────▶ y       x ◀────▶ y

a) 因果関係      b) 相関(共変)関係
```

(2) 観測変数

- **観測変数**とは，直接的に測定された変数のことである
  （因子分析でいえば「項目」にあたる）．
- 観測変数は**四角**で囲む．

(3) 潜在変数

- **潜在変数**とは，直接的に観察されていない，仮定上の変数のことである
  （因子分析でいえば「因子（共通因子）」にあたるものである）．
- 潜在変数は「**円**」または「**楕円**」で囲む．
- 観測変数と潜在変数を合わせて「**構造変数**」という．

(4) 誤差変数

- **誤差変数**は，分析にかけている部分以外の要因を意味する変数のことである
  （因子分析でいえば，誤差として扱われる「独自因子」にあたる）．
- 誤差変数は，レポート等では**囲まない**ことが多いが，分析の際には潜在変数と同様に円や楕円で囲む．

(5) 外生変数と内生変数

- **外生変数**とは，モデルの中で一度も他の変数の結果とならない変数のことである．外から導入される変数なので，外生変数という．
- **内生変数**とは，少なくとも一度は他の変数の結果になる変数のことである．モデルの内部でその変動が説明されるので，内生変数という．

1-2 ── パス図の例

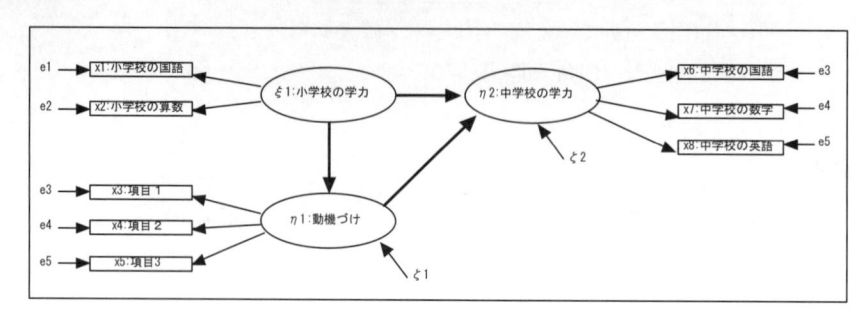

パス図 1

たとえば，「小学校の学力が高い者ほど中学校の学力も高い」「小学校の学力が高い者ほど中学校での学業への動機づけも高まる」「学業の動機づけが高いほど中学校の学力も高くなる」という仮説を設定したとしよう．

そして，小学校時の国語と算数の成績，3 項目からなる動機づけ尺度，中学校の国語，数学，英語の成績がデータとして得られているとする．このような場合の各変数の扱いは，以下のようになる．

1. **潜在変数**
    - 学力や動機づけは，直接的に観察することができない「構成概念」なので，**潜在変数**として設定し，楕円で描く．
2. **観測変数**
    - 小学校の国語と算数，中学校の国語・数学・英語の成績，動機づけ尺度の各項目は，直接的に観察可能なので，**観測変数**とし，四角で囲む．
3. **外生変数と内生変数**
    - 小学校の学力はどこからも影響を受けていないので，**外生変数**である．
    - その他の変数（動機づけ，中学校の学力，各成績や項目）は，いずれかから影響を受けているので，**内生変数**である．
4. **誤差変数**
    - いずれかから影響を受けている変数には，外部からの誤差である**誤差変数**（e や ζ（ゼータ））が影響を与える．

STEP UP: 記号の整理

パス解析で使用する記号を示す．ギリシア文字が使われるので馴染みがないかもしれない．

	構造変数		誤差変数	
	内生変数	外生変数	内生変数	外生変数
観測変数	x	(x)	—	—
潜在変数	η [イータ]	ξ [グザイ]	—	e, ζ [ゼータ]

（豊田[25]，1992から）

1-3 測定方程式と構造方程式

(1) 測定方程式

　測定方程式とは，<u>共通の原因としての潜在変数が複数個の観測変数に影響を与えている様子を記述するための方程式</u>である．これは，構成概念に相当する潜在変数が，観測変数によってどのように測定されているかを記述する方程式であるともいえる．

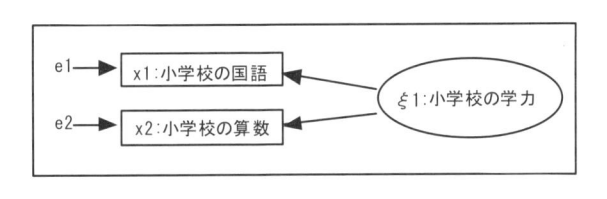

パス図 2

　たとえば，p.162のパス図1のうち，この部分が**測定方程式**になる．因子分析でいえば，**ξ1：小学校の学力**が「共通因子」，**x1：小学校の国語，x2：小学校の算数**が「項目」，**e1，e2**が「独自因子」に相当する．測定方程式は，因子分析を表現しているようなものである．

§1　パス解析とは

(2) 構造方程式

構造方程式は，<u>因果関係を表現するための方程式</u>である．潜在変数が別の潜在変数の原因になる，観測変数が別の観測変数の原因になる，観測変数が潜在変数の原因になる，といった関係を記述する．

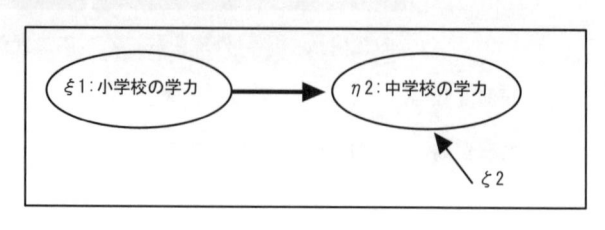

パス図 3

たとえば，p.162のパス図1のうち，この部分が**構造方程式**になる．この場合，小学校の学力という潜在変数が，中学校の学力という潜在変数に影響を与えている．影響を与える，という観点からいえば，回帰分析に近いものと考えることができる．

補足：変数を囲まないパス図

研究によっては，円や楕円，四角で囲まないパス図の場合もある．たとえば右の図のようなものである．

変数を因子分析し，因子ごとに得点を合計し，（重）回帰分析をくり返してパス図を描く場合，このような描き方をすることがある．

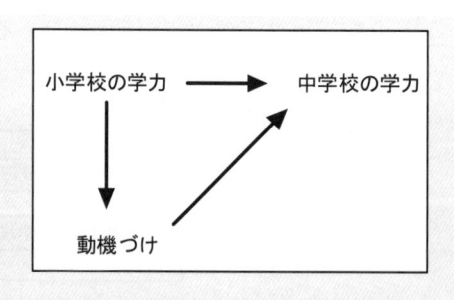

では，「**共分散構造分析**」という手法を用いて，パス解析を行ってみよう．

1-4　共分散構造分析

　これまでに説明してきた重回帰分析や因子分析など，多変量解析の多くは，共分散構造分析の一部と言い換えることもできる．

　共分散構造分析で扱うのは「**因果モデル**」である．つまり，ある変数が別の変数に影響を与えることや，ある観測変数がある潜在変数から影響を受けることなどを扱う．共分散構造分析の因果モデルは，使用者が設定しなければならない．したがって，どのような分析がどのような因果モデルに相当するのかを知っておく必要がある（詳しくは第9章§2「さまざまな分析のパス図」を参照してほしい）．

◎**Amos**で共分散構造分析を行う

- Amosは SPSS とは別の統計プログラムである（SPSS の[分析(A)]メニューから Amos を実行することもできる）．
- Amos では先に説明したような「パス図」を描くことによって，視覚的に分析することができる．
- また設定したモデルが，どの程度データに合致しているかという「適合度」を算出することができるため，より洗練されたモデルを構築することが可能となる．
- なお Amos では，変数の名前に使用できる文字数に制限がある（半角8(全角4)文字）ので，それに合わせて変数名を短くする必要がある．また，ラベルが設定されている SPSS データファイルではそのラベルもあわせて読み込まれ，パス図に表示される．ラベルは，SPSS と同じく半角256（全角128）文字読込み可能．
- SPSS データから読み込むさいに，変数名は英文字が大文字表記に(元が小文字のときにも)なるが，変数ラベルでは小文字のまま読み込むことが可能なので，同じ変数ラベルを定義することで回避できる．

§1　パス解析とは

Section 2　共分散構造分析（1）

2-1　測定変数を用いたパス解析（分析例1）

　Amosの使用法に慣れるため，まずは潜在変数を仮定しないモデルを分析してみよう．
　「中間試験の成績は勉強への動機づけに影響を及ぼし」，「中間試験の成績と動機づけは期末試験の成績に影響を及ぼす」であろうという仮説を立てた．データは以下の通りである．共分散構造分析を用いて，この仮説が成り立つことを示したい．

中間	動機	期末
40	4	50
60	5	70
20	3	30
70	6	90
80	5	80

　この仮説から設定されるモデルをパス図に表すと，以下のようなものになる．

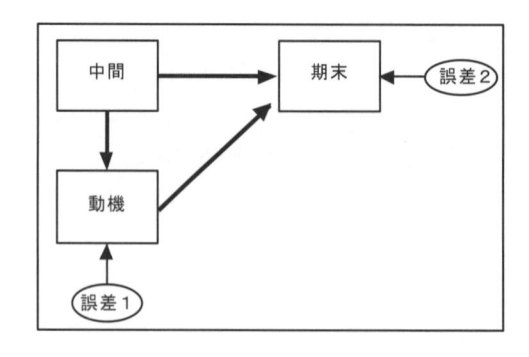

仮説には「誤差変数」が出てこないが，先に説明したようにいずれかの変数から影響を受ける変数（従属変数になるもの，パス図で矢印の向けられている変数）には，「影響によって説明される以外」の要因である誤差変数をつける．また「誤差変数」を楕円で囲んでいるが，誤差変数も直接観測されない「潜在変数」であるといえるので，またAmosでは円または楕円で表現するためこのような形にしている．レポートや論文に最終的なパス図を描く時には，囲む必要はない．

2-2　SPSS にデータを入力する

　SPSSを起動する（既に起動してある場合には，以前のデータを保存し，［ファイル(F)］メニュー ⇒ ［新規作成(N)］ ⇒ ［データ(A)］）．

- SPSSデータエディタの［**変数ビュー**］を開く
    - 1番目の変数の名前に**中間**，2番目に**動機**，3番目に**期末**と入力する．
- ［**データビュー**］を開き，データを入力．
- このデータをいったん保存する．

	中間	動機	期末
1	40.00	4.00	50.00
2	60.00	5.00	70.00
3	20.00	3.00	30.00
4	70.00	6.00	90.00
5	80.00	5.00	80.00

2-3 Amosを起動する

SPSSの分析メニューにあれば，[**分析(A)**]メニュー ⇒ [Amos 5] を選択．あるいはWindowsの[**スタートメニュー**] ⇒ [**すべてのプログラム**] ⇒ [Amos 5] ⇒ [Amos Graphics] でAmosを起動し，保存したSPSSのデータファイルを読み込んでもよい．

起動すると，以下のような画面が表示される．

メインウィンドウ

Amos4.0ではツールバーとメインウィンドウが分かれていたが，5.0では1つになっている．
右側の枠内にパス図を描いていく．
四角い枠は，1ページ分の領域を表す．
左側のアイコンで，さまざまな指定を行う．

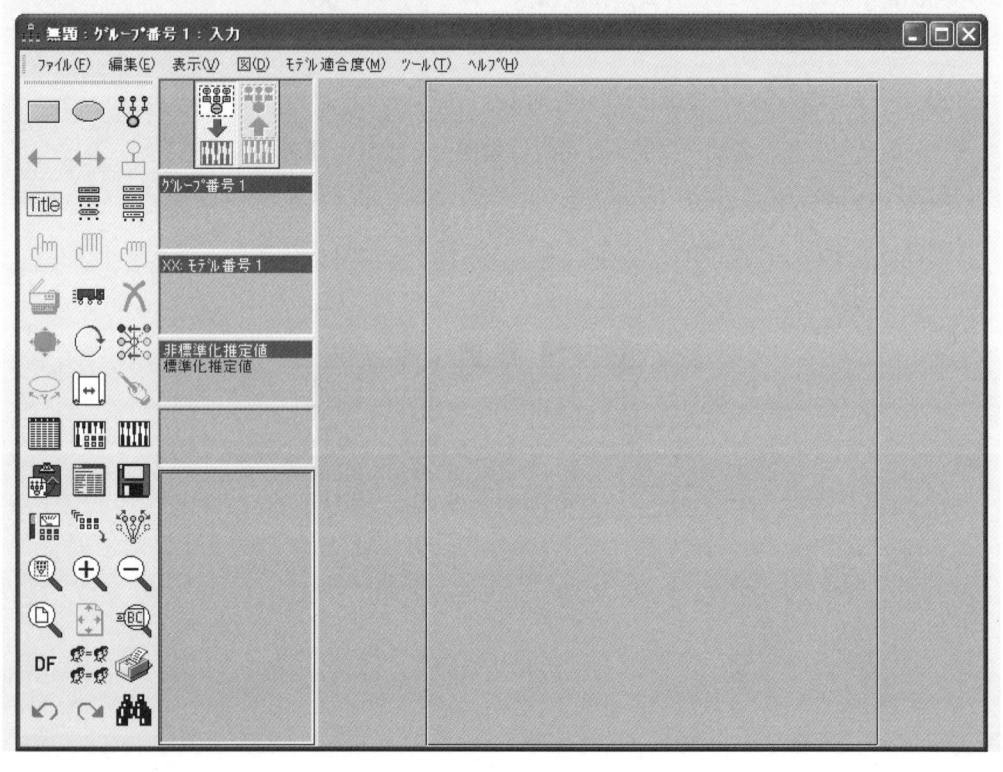

(1) 変数を描く

では，まず変数を描いてみよう．

- 最初に3つの観測変数を表すために，3つの長方形を描く．
  - ツールバーの[**観測される変数を描く**]アイコン（▭）をクリックするか，[**図(D)**]メニュー ⇒ [**観測される変数を描く(O)**] を選択する．
    - 3つの長方形を描く．
- 次に，誤差変数を表すために，2つの楕円を描く．
  - ツールバーの[**直接観測されない変数を描く**]アイコン（⬭）をクリックするか，[**図(D)**]メニュー ⇒ [**直接観測されない変数を描く(U)**] を選択．
    - 2つの楕円を描く．
- 次の図のようになる（配置など必ずしもこの通りである必要はない）．

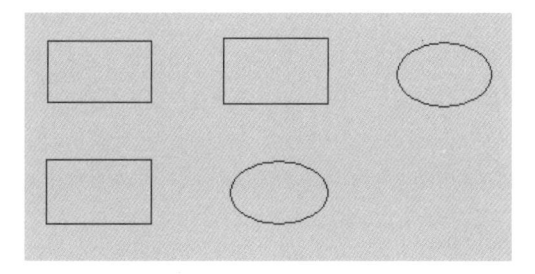

(2) 変数の命名

次に，変数を命名する．

- 左上の長方形をダブルクリックすると，[**オブジェクトのプロパティ(O)**]ウインドウが表示される．
  - [**文字**]のタブを選択し，[**変数名(N)**]に **中間** と入力．
  - 同様に，左下の長方形をクリックし，変数名に **動機** と入力．
  - 中央上の長方形をクリックし，変数名に **期末** と入力．
  - 中央下の楕円をクリックし，変数名に **誤差1** と入力．

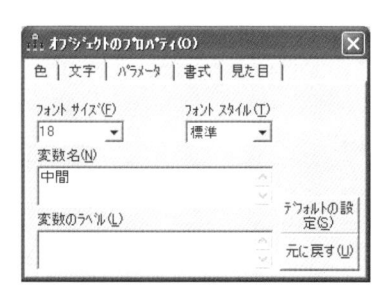

- ➢ 右上の楕円をクリックし，変数名に **誤差2** と入力．
- ［**オブジェクトのプロパティ(O)**］ウインドウを閉じる．
- 次の図のようになる．

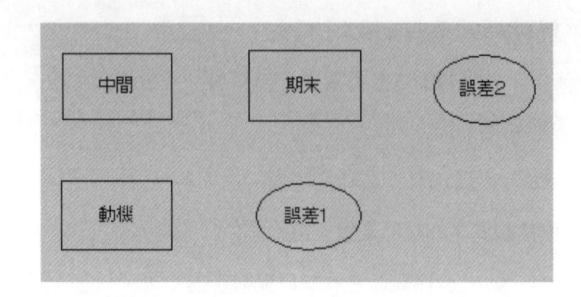

[図：中間・期末・誤差2・動機・誤差1の配置]

> なお，中間・動機・期末の3つの変数に関しては，ツールバーの中の**データセット内の変数を一覧**アイコン（▨）をクリックし，［**データセット内に含まれる変数(D)**］の一覧からデータをクリック＆ドラッグして図形の中に持っていくと，変数が指定される．事前に SPSS に入力されている変数であれば，この方が間違いにくいだろう．誤差や潜在変数に関しては観測されていないので，新たな変数名を指定する．

(3) 矢印を描く

パス図の矢印を描いてみよう．

- 一方向の矢印を描くために，ツールバーの［**パス図を描く（一方向矢印）**］アイコン（←）をクリックする．あるいは，［**図(D)**］メニュー ⇒ ［**パス図を描く(P)**］を選択する．
  - ➢ 仮説に合うように矢印を描いていく．
- 次の図のようになる．

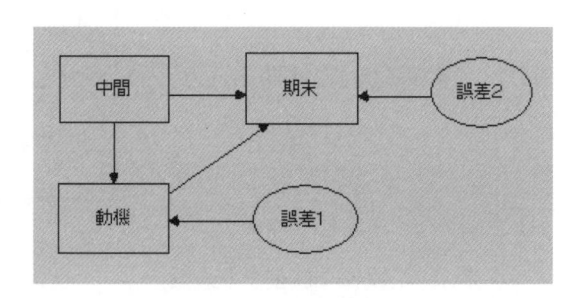

[図：中間→期末，中間→動機，動機→期末，誤差2→期末，誤差1→動機]

170　第8章　共分散構造分析──パス図の流れをつかむ

(4) パラメータの制約

モデルを分析するために，誤差1，誤差2の変数を定義する必要がある．

方法としては……

1. 誤差1，誤差2の分散を固定する
2. 誤差1から**動機**，誤差2から**期末**への係数として何らかの正の値を指定する

ここでは，「係数を1に固定する」ことにする．

- 誤差1と**動機**の間の矢印をダブルクリック．
- ［オブジェクトのプロパティ(O)］ウインドウが表示される．
    ➢ ［パラメータ］タブをクリックし，
        ［係数(R)］の枠の中に，1 を入力．
    ➢ 誤差2と**期末**の間の矢印の［係数(R)］にも同様に，
        1 を入力．
- ［オブジェクトのプロパティ(O)］ウインドウを閉じる．
- 係数を指定した矢印の近くに，1 という数字が記入されているかどうかを確認する．

ここまで描いたら，分析の設定を行う．

(5) 分析の設定

- ［分析のプロパティ］アイコン（🔲）あるいは，
    ［表示(V)］メニュー ⇒ ［分析のプロパティ(A)］を選択．
    ➢ ［出力］のタブをクリック．
    ➢ ［最小化履歴(H)］［標準化推定値(T)］
        ［重相関係数の平方(Q)］にチェックを入れる．
- ［分析のプロパティ(A)］ウインドウを閉じる．

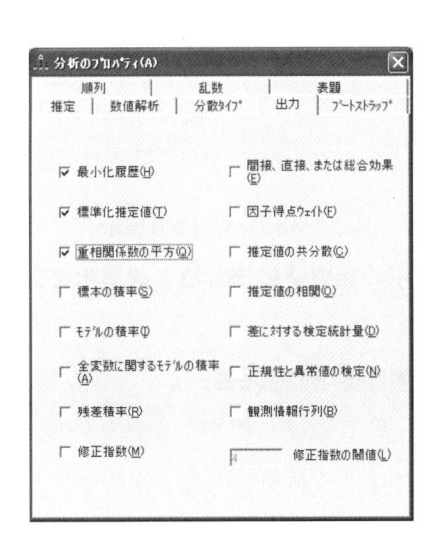

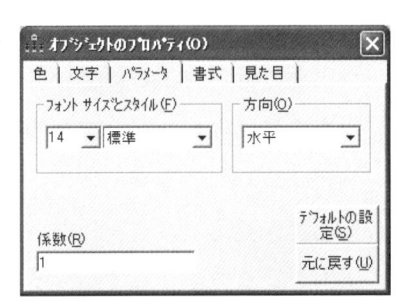

(6) 分析の実行

では，分析してみよう．

- ツールバーの[**推定値を計算**]アイコン（▥）をクリック，あるいは，[**モデル適合度(M)**]メニュー ⇒ ［**推定値を計算(C)**］を選択．
- ファイルを保存するように指示が出るので，適当な場所に保存するよう指定．なお保存するファイルが多いので，新しくフォルダを作成した方がよいだろう．
- 保存すると，Amos が分析を始める．

うまく分析が終了した場合には，「最小値に達しました」「出力の書込み」などと左側の枠内に表示される．

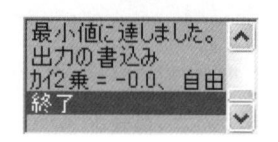

(7) 出力を見る

出力を見る方法として，「**テキスト出力**」「**グラフィック出力**」がある．

◎**テキスト出力**
ツールバーの[**テキスト出力の表示**]アイコン（▥）をクリック，あるいは
[**表示(V)**]メニュー ⇒ ［**テキスト出力の表示(X)**］を選択すれば表示される．

◎**グラフィック出力**
[**出力パス図の表示**]アイコン（右図）をクリックする．すると，パス図の中に分析結果が表示される．

では，[**出力パス図の表示**]アイコンをクリックし，ウインドウの中の**非標準化推定値**と**標準化推定値**をクリックしてみよう．

■**非標準化推定値**

ここでは，標準化されない値が表示される．標準化されない値は，データの得点範囲によって数値が大きく異なってくるため，モデルを見る際にはややわかりづらい．

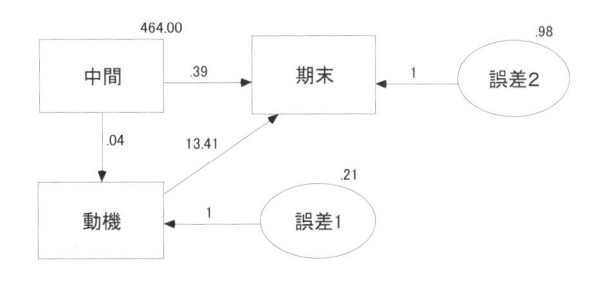

■標準化推定値

一般に，レポートや論文を書く際には標準化された値（−1.00〜＋1.00）を用いる方がよいだろう．

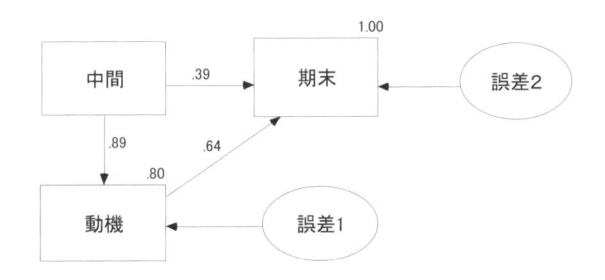

中間から動機(.89)，中間から期末(.39)，動機から期末(.64)の矢印の部分にある値は，標準化されたパス係数である．動機の右上の数値(.80)と期末の右上の数値(1.00)は，重相関係数の平方(重決定係数；R^2)である．

つまり，動機は中間から影響を受ける部分が.89，誤差１から影響を受ける部分が1.00−.80=.20であり，期末は中間や動機から影響を受ける部分が1.00，誤差２から影響を受ける部分はほぼ０ということになる（なおテキスト出力を見ると，期末の重相関係数の平方は.998であるので，誤差２から.002の影響を受けている）．

■有意水準

ツールバーの[テキスト出力の表示]アイコン（▦）をクリックしてみよう．

左側のウインドウの中から[パラメータ推定値]をクリックすると，分析で推定された各推定値と検定統計量，有意確率（有意水準）が表示される．

係数: (ｸﾞﾙｰﾌﾟ番号 1 - ﾓﾃﾞﾙ番号 1)

			推定値	標準誤差	検定統計量	確率	ラベル
動機	<---	中間	.042	.011	3.952	***	
期末	<---	中間	.390	.051	7.686	***	
期末	<---	動機	13.415	1.072	12.509	***	

標準化係数: (ｸﾞﾙｰﾌﾟ番号 1 - ﾓﾃﾞﾙ番号 1)

			推定値
動機	<---	中間	.892
期末	<---	中間	.390
期末	<---	動機	.635

　この結果の場合，中間から動機，中間から期末，動機から期末の全てのパスが0.1％水準で有意である（＊が3つ示されている）．詳しくは次のセクション（p.175）を参照．

■間接効果と直接効果

　この結果の場合，期末試験の成績に対して中間試験の成績は，直接的にも影響を及ぼしているが，動機づけを経由しても影響を及ぼしていると考えることができる．このように，ある変数が別の変数へ直接的に影響を及ぼすことを**直接効果**，他の変数を経由して影響を及ぼすことを**間接効果**という．パス解析を行う場合，直接効果と間接効果のどちらが大きいのかを問題にすることがある．

　ではこの分析例で，中間試験の期末試験への直接効果と間接効果のどちらが大きいのかを検討してみよう．

> **直接効果**：標準化された係数である .39 である．
> **間接効果**：中間から動機へのパス係数（.89）と，動機から期末へのパス係数（.64）の「積」が間接効果になる．したがって，.89×.64＝.57 である．

　この結果から，中間試験の成績が直接的に期末試験の成績に及ぼす効果よりも，動機づけを媒介して及ぼす効果の方が大きい，ということになる．

　なおAmosにおいて，［**表示(V)**］メニュー ⇒ ［**分析のプロパティ(A)**］で，［**出力**］タブをクリックし，［**間接，直接，または総合効果(E)**］にチェックを入れると，これらの直接効果や間接効果が結果として出力される．

Section 3 共分散構造分析（2）

3-1 潜在変数間の因果関係（分析例2）

成績とクラスメイトからの承認が，学校満足度に影響を及ぼすというモデルを仮定した．調査を行い，以下の30名分のデータを得た．

成績a	成績b	承認a	承認b	満足a	満足b
52	58	2	3	36	31
45	60	5	6	51	45
47	68	6	5	62	41
53	56	5	4	50	28
44	52	4	5	60	38
42	69	3	2	50	34
50	62	3	5	45	31
60	75	5	5	62	56
41	54	6	6	48	45
45	53	5	4	44	35
30	30	5	4	59	42
55	47	5	6	55	51
53	64	4	5	57	40
78	79	6	5	58	54
56	62	7	7	67	60
50	61	7	6	58	53
59	55	6	6	48	45
46	59	5	6	47	31
28	35	5	4	32	23
39	34	4	4	25	24
56	48	4	5	44	38
40	50	6	4	45	40
30	25	5	4	28	33
35	41	6	5	36	41
60	70	4	5	45	39
28	35	3	2	35	36
50	59	7	5	51	43
51	62	3	4	54	48
32	40	6	7	38	26
30	40	7	6	60	55

用いている変数は以下のとおりである．

- 成績a ： 国語の成績
- 成績b ： 数学の成績
- 承認a ： 他者からの承認の程度に関する項目得点
- 承認b ： 他者からの承認の程度に関する項目得点

- **満足 a** ： 学校満足度に関する 10 項目からなる下位尺度得点
- **満足 b** ： 学校満足度に関する 10 項目からなる下位尺度得点

仮説を表現するパス図は以下のようになる．（<u>どこからも矢印の向けられていない**成績・承認**以外の変数すべてに</u>，誤差変数がついている）

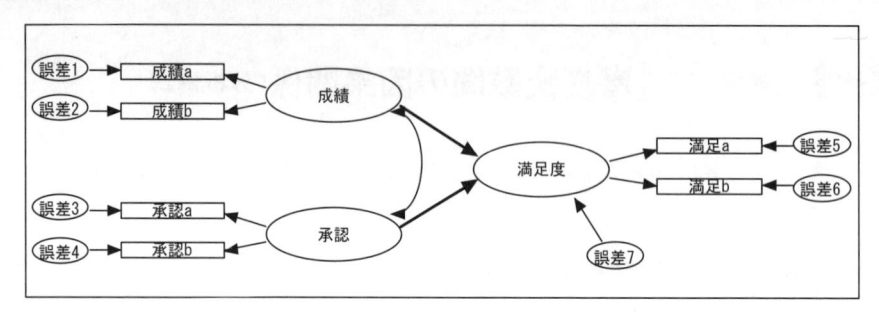

```
誤差1 → 成績a ↖
              成績 ⇄ 
誤差2 → 成績b ↙      ↘
                     満足度 → 満足a ← 誤差5
誤差3 → 承認a ↖      ↗       → 満足b ← 誤差6
              承認 ↗      ↑
誤差4 → 承認b ↙           誤差7
```

測定方程式

- 観測変数：**成績 a, b** が潜在変数：**成績**から影響を受ける．
- 観測変数：**承認 a, b** が潜在変数：**クラスメイトからの承認**から影響を受ける．
- 観測変数：**満足 a, b** が潜在変数：**満足度**から影響を受ける．
- それぞれの観測変数は**誤差**からの影響も受ける．

構造方程式

- **成績**と**承認**は，互いに何らかの共変関係にあることも予想される．
  そこで，**成績**と**承認**を両方向の矢印で結ぶ．
- **成績**と**承認**は，満足度に影響を及ぼす．
  影響を受ける**満足度**には，**誤差**も影響を与える．

3-2　Amosによる分析

SPSSでデータを入力したら，いったん保存し，Amosを起動する．

(1) モデルを描く

今回の分析では，<u>横長の図</u>を使用する．

- 描画領域を横長に変更するには，

    [**表示(V)**]メニュー ⇒ [**インターフェイスのプロパティ(I)**] を選択．

    ➢ [**ページレイアウト**]タブの[**方向**]で，[**横方向(L)**]を選択する．

    ➢ 　適用(A)　 をクリック．

<u>変数を描く</u>．

- まず，成績に相当する潜在変数を楕円で描く．
- 次に，ツールバーの[**潜在変数を描く，あるいは潜在変数を指標変数に追加**] アイコン（😃）をクリックする．
- 作成した楕円の中で2回クリックすると，右の図のようになる．

<u>この図を横向きにする</u>．

- ツールバーの[**潜在変数の指標変数を回転**]アイコン（↻）をクリック．
- 楕円を何度かクリックし，誤差変数と観測変数が左側に来るようにする．
- 位置がずれてしまった時にはツールバーの[**オブジェクトを移動**]アイコン（🚚）をクリックした後で図を移動したり，図を消したい時にはツールバーの[**オブジェクトを消去**]アイコン（✗）をクリックして図をクリックすれば対象となる図が消去される．

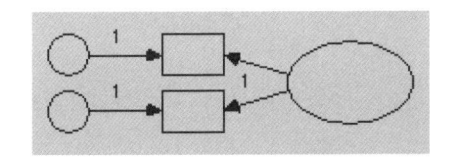

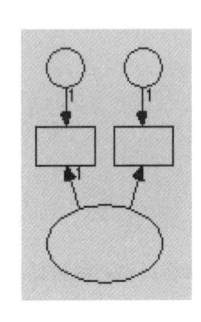

同じような図をあと2つ描くが，再度描く必要はなく，コピーすればよい．

- ツールバーで，[**全オブジェクトの選択**]アイコン（🖑）をクリックする．
  そうすると，描かれているすべてのオブジェクトが青色になる（選択されたことを表す）．
- 次に，ツールバーの[**オブジェクトをコピー**]アイコン（🖨）をクリックし，
  楕円部分をマウスのボタンを押したまま，下方向へドラッグする．
- もう一度，同じ操作をくり返す．今度は右の方へコピーする．
- コピーができたら，選択を解除するために，[**全オブジェクトの選択解除**]アイコン（🖐）を
  クリックする．

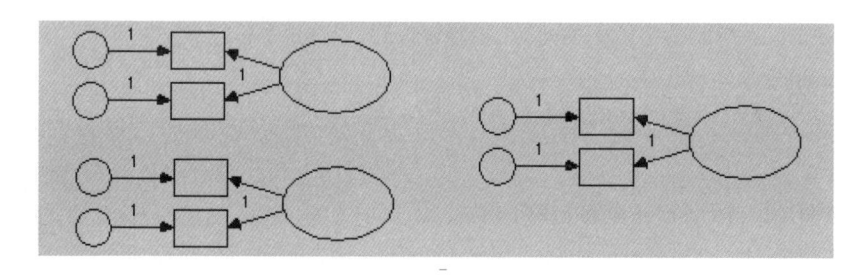

満足度に対応する右側の図を，左右反対にしたい．

- [**潜在変数の指標変数を反転**]アイコン（▩）をクリックし，
  楕円部分をクリックすると，左右反転する．
- 右側に出てしまった時などは，まず[**オブジェクトを一つずつ選択**]アイコン（☝）で対象とな
  る円，楕円，長方形，矢印をすべて選択し，[**オブジェクトを移動**]アイコン（🚚）をクリック
  した後で図を移動する．

誤差変数を描く．

- [**既存の変数に固有の変数を追加**]アイコン（👤）をクリックし，右側の楕円をクリックすると，
  誤差変数が描かれる．[**オブジェクトを移動**]アイコン（🚚）をクリックした後で図を移動する．
- あるいは，誤差変数を表す円の一つを同じようにコピーし，右側の楕円の右下あたりに置く．
  円から楕円に向けてパスを引く．係数は1に指定する．

構造方程式のパスを描く.

- p.176 で立ててみた仮説に合うようにパスの矢印を引く.
  単方向の矢印と両方向の矢印を間違えないように描いていこう.
- 次の図のようになれば完成である.

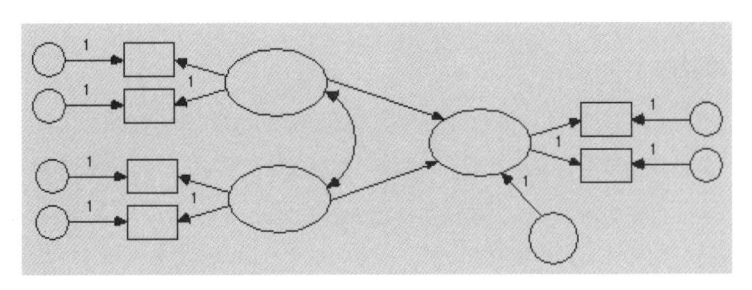

変数を入力する.

- データにある変数は, [**データセット内の変数を一覧**]アイコン(▦)をクリックし, 図の中にドラッグ＆ドロップして指定することもできる. 潜在変数や誤差変数は, ダブルクリックして入力する.
- 仮説に基づくように, パス図の中に変数名を指定していこう.

(2) 分析の実行

出力内容を指定する.

- まず, [**分析のプロパティ**]アイコン(▦)をクリック.
  ➤ [出力]のタブをクリック.
  ➤ [最小化履歴(H)] [標準化推定値(T)] [重相関係数の平方(Q)]にチェックを入れる.
- [分析のプロパティ(A)]ウインドウを閉じる.

分析を実行する.

- ツールバーの[推定値を計算]アイコン(▦)をクリック, あるいは, [**モデル適合度(M)**]メニュー ⇒ [推定値を計算(C)] を選択.
- ファイルを保存するように指示が出るので, 適当な場所に保存するよう指定する.
- 「最小値に達しました」と表示されれば分析は終了である.

(3) モデルの評価

Amosでは，モデル全体を評価するための指標が何種類も出力される．

モデルの評価を行う際には，1.**モデル全体の評価**，2.**モデルの部分評価**，という2つの段階をふまえる．

1. モデル全体の評価

χ^2 検定

- 因果モデル全体が正しいかどうかの検定として，χ^2 検定の結果が出力される．
- 帰無仮説として「構成されたモデルは正しい」という設定を行うので，χ^2 値が対応する自由度のもとで，一定の有意水準の値よりも小さければ，モデルは棄却されないという意味で，一応採択される（有意でなければ採択される）．

適合度指標（GFI, AGFI, RMR）

GFI（Goodness of Fit Index；適合度指標）
- 通常0から1までの値をとり，モデルの説明力の目安となる．
- GFI が1に近いほど，説明力のあるモデルといえる（GFI が高くても「よいモデル」というわけではないので注意）．

AGFI（Adjusted Goodness of Fit Index；修正適合度指標）
- 値が1に近いほどデータへの当てはまりがよい．
- 「GFI≧AGFI」であり，GFI に比べて AGFI が著しく低下するモデルはあまり好ましくない．

RMR（Root Mean square Residual；残差平方平均平方根）
- 値が0に近いほどモデルがデータにうまく適合している．

情報量基準（AIC；Akaike's Information Criterion；赤池情報量基準）

- 複数のモデルを比較する際に，モデルの相対的な良さを評価するための指標となる．
- 複数のモデルのうちどれがよいかを選択する際には，AIC が最も低いモデルを選択する．

2. モデルの部分評価

t 検定

- パス係数の数値（推定値）は，0にくらべて十分に大きい値である必要がある．0に近ければ，2つの変数間の関係が「ない」ということになる．
- その係数が有意であるかどうかを検定する際に，t 検定を用いる（検定統計量として示される）．
- 検定が 0.1％水準で有意である場合には，アスタリスクが3つ（***）表示される．それ以上の（1％水準，5％水準，有意ではない）場合には，確率が数値で示される．

(4) 因果モデルを読む

今回，分析を行ったモデルの全体的評価を行ってみよう．［**テキスト出力の表示**］アイコン（▦）をクリック，あるいは ［**表示(V)**］メニュー ⇒ ［**テキスト出力の表示(X)**］ を選択すると，テキスト出力が表示される．

この分析結果では……

「モデルについての注釈」で「カイ2乗」と書かれている部分を探す．

- <u>カイ2乗＝9.408，自由度＝6，確率水準＝.152</u> となっている．

「モデル適合」で「GFI」「AGFI」「RMR」「AIC」の部分を探す．

- <u>GFI＝.909，AGFI＝.682，RMR＝3.005，AIC＝39.408</u> である．

結果 (モデル番号 1)

最小値に達しました．
カイ2乗＝9.408
自由度＝6
確率水準＝.152

RMR, GFI

モデル	RMR	GFI	AGFI	PGFI
モデル番号1	3.005	.909	.682	.260
飽和モデル	.000	1.000		
独立モデル	41.694	.472	.260	.337

AIC

モデル	AIC
モデル番号1	39.408
飽和モデル	42.000
独立モデル	113.735

次に，モデルの部分評価を見てみよう．

テキスト出力の［**パラメータ推定値**］を表示すると，以下のようになる．一方向のパスの検定結果はすべて有意になっている．

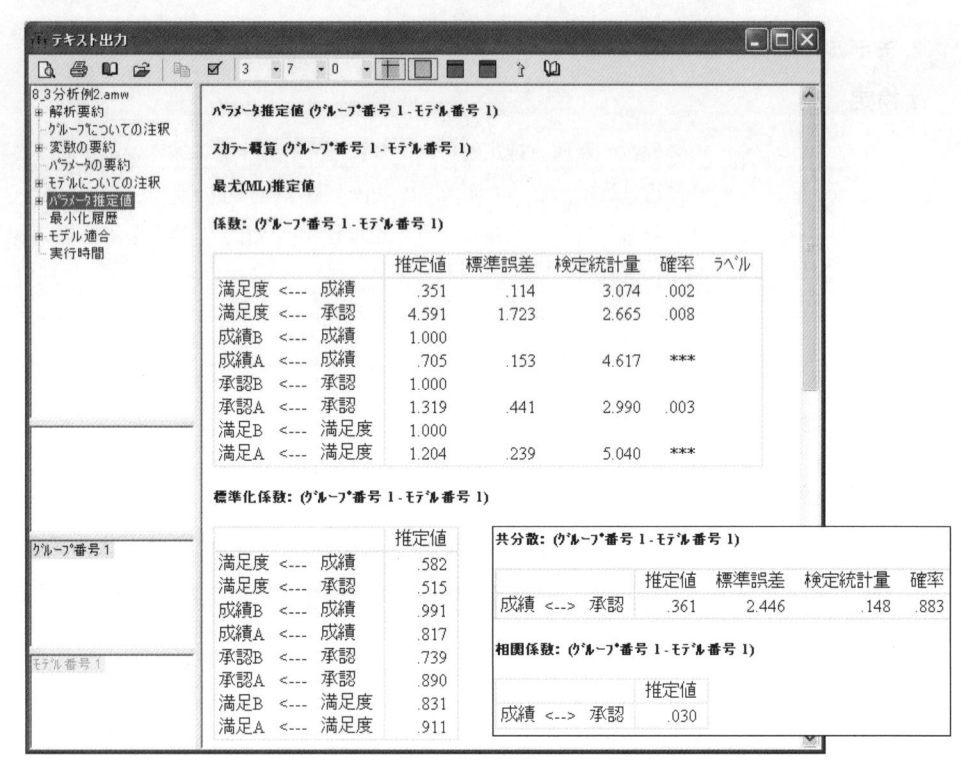

テキスト出力

パラメータ推定値（グループ番号 1 - モデル番号 1）

スカラー概算（グループ番号 1 - モデル番号 1）

最尤(ML)推定値

係数：（グループ番号 1 - モデル番号 1）

			推定値	標準誤差	検定統計量	確率	ラベル
満足度	<---	成績	.351	.114	3.074	.002	
満足度	<---	承認	4.591	1.723	2.665	.008	
成績B	<---	成績	1.000				
成績A	<---	成績	.705	.153	4.617	***	
承認B	<---	承認	1.000				
承認A	<---	承認	1.319	.441	2.990	.003	
満足B	<---	満足度	1.000				
満足A	<---	満足度	1.204	.239	5.040	***	

標準化係数：（グループ番号 1 - モデル番号 1）

			推定値
満足度	<---	成績	.582
満足度	<---	承認	.515
成績B	<---	成績	.991
成績A	<---	成績	.817
承認B	<---	承認	.739
承認A	<---	承認	.890
満足B	<---	満足度	.831
満足A	<---	満足度	.911

共分散：（グループ番号 1 - モデル番号 1）

			推定値	標準誤差	検定統計量	確率
成績	<-->	承認	.361	2.446	.148	.883

相関係数：（グループ番号 1 - モデル番号 1）

			推定値
成績	<-->	承認	.030

重回帰分析の時と同様に，この後の部分で，[重相関係数の平方（重決定係数；R^2）]も出力されているので確認してほしい．

テキスト出力の[共分散]と[相関係数]の出力を見てみよう．潜在変数：**成績**と**承認**との間の相関係数は.030であり，有意ではない．

(5) モデルの改良

結果を見ると，どうやら**成績**と**承認**との間の関連がみられないようである．そこで，**成績**と**承認**との間の双方向のパス◀▶を消して，再度分析を行ってみよう．

- ツールバーの[**オブジェクトを消去**]アイコン（✗）をクリックして，**成績**と**承認**間の双方向のパス◀▶を消す．
- ツールバーの[**推定値を計算**]アイコン（▦）をクリック．

あるいは，［モデル適合度(M)］メニュー ⇒ ［推定値を計算(C)］
を選択して分析を行う．
- 警告が出るが，｜分析を行う(P)｜をクリック．

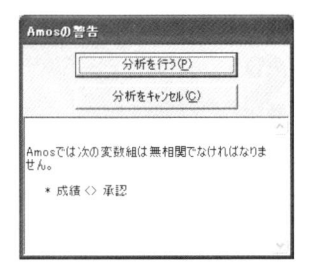

結果はどのようになったか？

テキスト出力の「モデルについての注釈」で，「カイ2乗」の部分を探す．
- カイ2乗＝9.427，自由度＝7，確率水準＝.223 となっている．
  - ➢ 先のモデルよりも自由度が増えていることに注目．

「モデル適合」の「GFI」「AGFI」「RMR」の部分を探す．
- GFI＝.909，AGFI＝.728，RMR＝3.104 である．
  - ➢ 先のモデルに比べて GFI はほとんど変わらないが，AGFI は増加している．

「AIC」の部分を探す．
- AIC＝37.427 である．
  - ➢ 先のモデルに比べて AIC は低下している．

カイ2乗＝9.427	モデル	RMR	GFI	AGFI	AIC
自由度＝7	モデル番号1	3.104	.909	.728	37.427
確率水準＝.223	飽和モデル	.000	1.000		42.000
	独立モデル	41.694	.472	.260	113.735

GFIはほぼ同じ値であるが，AGFIがより高く，AICがより低くなっているので，先のモデルよりも今回のモデルの方がデータにうまく適合していると考えられる．

このように，いくつかの指標を見比べることによって，「よりよいモデル」を探索していくことが，共分散構造分析の特徴である．

因子分析の時と同様に，何度も共分散構造分析を行い，理論にもデータにもうまく適合するモデルを探索していくのが一般的といえるだろう．

ただし，忘れてはいけないことは，このようなモデルは理論を背景としているという点である．もちろんこのような分析を通して新たな発見がなされることもあるが，必ずしも最もデータに適合するモデルが，最もよいモデルであるとは限らないので注意が必要である．

Section 4 共分散構造分析（3）

4-1 双方向の因果関係（分析例3）

　共分散構造分析では，重回帰分析や因子分析では仮定できない「**双方向の因果関係**」を仮定することもできる．

　では，p.186のデータを用いて，双方向の因果関係の分析を行ってみよう．

> この研究では，「ケンカに対する捉え方」を，Positive−Negative，**関係修復志向−関係崩壊志向**の2つの構成概念で捉える尺度を作成し，信頼感尺度（天貝, 1995）との関連を検討した．
> その結果，信頼感尺度は，**関係修復志向−関係崩壊志向**に関連する傾向が見られた．ケンカに対する肯定的（−否定的）な態度は，ケンカをした後に関係を修復可能（−不可能）とする志向性と大きくかかわっていた．この研究ではこの2つの構成概念を相互に独立した関係であると仮定していたのであるが，次のように考えることもできる．すなわち，ケンカに対して肯定的な態度を取ることは，ケンカをしても関係が修復できるという志向性につながり，逆にケンカをしても関係が修復できるという志向性を持っていれば，ケンカに対して肯定的な態度をとることにつながる，という考え方である．

　そこで，以下のような因果関係を仮定してみよう

> 1. **信頼感**は，（ケンカをした後に）**関係が修復する−崩壊する**という信念に影響を及ぼす．
> 2. **関係が修復する−崩壊する**という信念は，**ケンカを肯定的−否定的に捉える態度**に影響を及ぼす．
> 3. **ケンカを肯定的−否定的に捉える態度**は，**関係が修復する−崩壊する**という信念に影響を及ぼす．

データは，以下の変数について大学生100名から得られたものである．

<信頼感>
不信：信頼感尺度の「不信」下位尺度得点（平均 32.70, SD 7.70）
自信頼：信頼感尺度の「自分への信頼」下位尺度得点（平均 24.23, SD 4.07）
他信頼：信頼感尺度の「他人への信頼」下位尺度得点（平均 33.25, SD 4.83）
<ケンカに対する態度>
肯定：ケンカに対する捉え方尺度の「Positive」下位尺度得点（平均 23.89, SD 4.72）
否定：ケンカに対する捉え方尺度の「Negative」下位尺度得点（平均 22.53, SD 4.21）
<ケンカに対する志向性>
修復：ケンカに対する捉え方尺度の「関係修復志向」下位尺度得点（平均 20.01, SD 3.94）
崩壊：ケンカに対する捉え方尺度の「関係崩壊志向」下位尺度得点（平均 15.01, SD 3.86）

＊設定する潜在変数は，**信頼感・態度・志向性**である．

◎次ページのデータは，東京図書のWebサイト（www.tokyo-tosho.co.jp）からダウンロード可能．

データは以下の通りである（麻生・大脇・川口・神崎・新谷・杉原・橘・田村・中原・盛 [30], 2003 による）．

NO	不信	自信頼	他信頼	肯定	否定	修復	崩壊
1	22	28	37	22	27	15	20
2	40	27	34	6	35	15	24
3	43	26	27	23	20	16	19
4	28	24	38	25	26	24	15
5	29	25	32	17	21	18	15
6	28	28	32	22	32	18	20
7	33	27	33	31	23	26	16
8	23	26	37	32	15	23	6
9	23	19	36	32	16	28	13
10	44	25	38	18	30	18	22
11	38	25	32	28	18	25	13
12	43	29	19	23	22	8	15
13	24	23	37	11	30	19	13
14	34	30	32	24	21	17	13
15	32	28	43	33	18	26	9
16	27	27	32	24	25	19	15
17	37	19	23	27	26	18	15
18	59	25	13	25	23	5	20
19	26	34	39	26	22	25	14
20	35	22	37	22	23	17	14
21	40	28	34	20	20	18	15
22	23	24	37	24	22	25	14
23	49	22	29	20	30	16	17
24	33	27	36	28	20	23	16
25	36	23	29	20	20	14	20
26	29	26	31	21	29	18	13
27	32	25	34	21	25	20	17
28	26	34	27	28	17	14	19
29	31	23	28	14	26	21	11
30	44	21	26	30	7	21	9
31	10	18	36	28	19	30	9
32	38	25	37	17	25	18	15
33	33	24	32	25	21	19	14
34	43	14	23	20	24	15	21
35	21	25	36	19	23	19	16
36	40	19	27	18	25	18	15
37	34	21	28	23	22	18	15
38	41	30	34	25	24	20	14
39	26	25	31	22	23	16	12
40	22	23	32	22	24	20	16
41	39	16	32	19	24	17	16
42	35	12	28	22	17	19	12
43	49	18	36	27	24	14	19
44	31	25	36	25	24	24	9
45	47	10	26	25	20	14	16
46	22	22	31	21	17	19	18
47	31	31	35	21	26	19	18
48	27	30	40	29	17	23	10
49	28	25	32	23	21	22	13
50	39	24	35	28	27	21	12
51	26	27	40	24	24	21	12
52	21	25	38	21	26	19	20
53	33	27	33	27	28	18	17
54	28	26	39	24	22	22	11
55	34	24	36	24	19	22	16
56	33	25	32	24	20	15	20
57	36	24	31	25	27	20	18
58	38	27	33	30	24	26	15
59	42	27	35	21	28	17	18
60	41	28	38	29	19	22	16
61	37	19	35	26	27	18	16
62	26	27	37	24	14	20	8
63	37	22	28	25	22	22	15
64	39	26	34	26	22	14	15
65	31	22	29	25	22	20	18
66	36	32	28	22	22	18	17
67	38	31	42	23	25	22	10
68	21	22	36	30	18	25	10
69	29	23	36	22	20	27	10
70	39	26	35	21	27	19	18
71	25	24	35	21	21	22	14
72	31	25	36	19	25	23	18
73	41	26	28	22	24	17	16
74	28	27	39	34	17	26	11
75	29	26	34	20	28	21	18
76	20	24	37	20	25	20	20
77	25	23	34	21	22	21	11
78	34	27	38	32	19	24	5
79	39	26	33	23	22	21	16
80	30	20	34	27	18	19	16
81	32	23	38	22	26	24	8
82	35	21	36	28	22	18	13
83	36	23	36	23	25	18	18
84	34	20	29	23	26	20	13
85	26	24	37	27	20	22	16
86	22	25	37	28	20	21	13
87	35	26	38	24	21	20	23
88	30	22	34	26	19	22	13
89	27	25	35	22	27	25	11
90	27	24	29	21	27	18	15
91	24	22	39	28	22	22	16
92	42	18	27	26	21	18	16
93	30	27	39	28	19	23	18
94	38	22	30	27	17	22	13
95	44	18	33	36	15	30	5
96	33	20	37	24	26	19	19
97	32	21	28	13	25	20	20
98	30	28	31	26	21	19	13
99	30	22	28	25	21	18	19
100	29	27	32	31	20	21	22

4-2　Amosによる分析

ここでは，以下のような図を描く．これまでの例を参考にして，各自で描き，変数を指定してほしい．

- 潜在変数（楕円）は3つ，**信頼感・態度・志向性**である．
- 観測変数（長方形）：**不信・自信頼・他信頼**は，潜在変数：**信頼感**から影響を受ける．
- 観測変数（長方形）：**肯定・否定**は，潜在変数：**態度**から影響を受ける．
- 観測変数（長方形）：**修復・崩壊**は，潜在変数：**志向性**から影響を受ける．
- いずれかからの影響を受ける変数には，誤差（円）からも影響を受ける．
- 誤差は全部で9つある．e1からe9という変数名をつける．
- もし行っていなければ，係数の指定を忘れないようにする（以下の図のようにつければよい）．

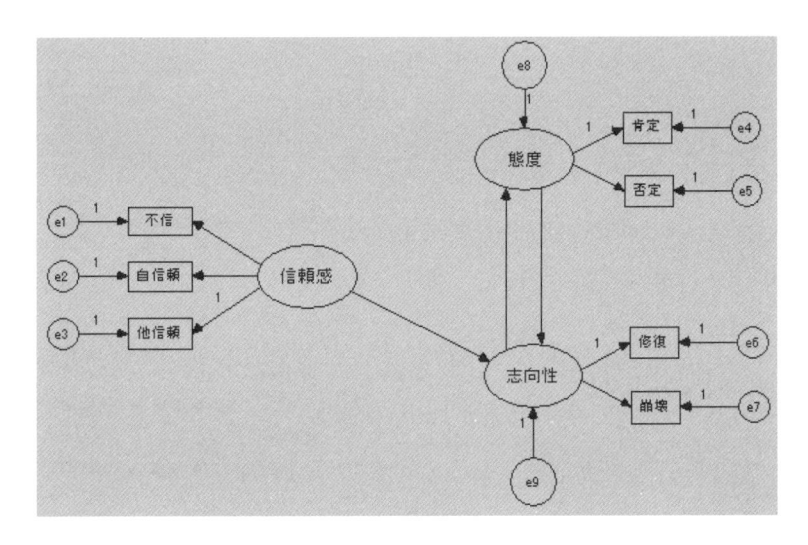

図が描けたら，分析を行ってみよう．

出力の指定を行う．

- ［分析のプロパティ］アイコン（▨）をクリック．
  - ［出力］のタブをクリック．
  - ［最小化履歴(H)］［標準化推定値(T)］［重相関係数の平方(Q)］にチェックを入れる．
- ［分析のプロパティ(A)］ウインドウを閉じる．

分析を行う．

- ツールバーの［推定値を計算］アイコン（▨）をクリック，あるいは，［モデル適合度(M)］メニュー ⇒ ［推定値を計算(C)］を選択．
- ファイルを保存するように指示が出るので，適当な場所に保存する．
- 「最小値に達しました」と表示されれば，分析は終了．

どのような結果となっただろうか？ 図の中に［標準化推定値］を記入したものを示してみよう．

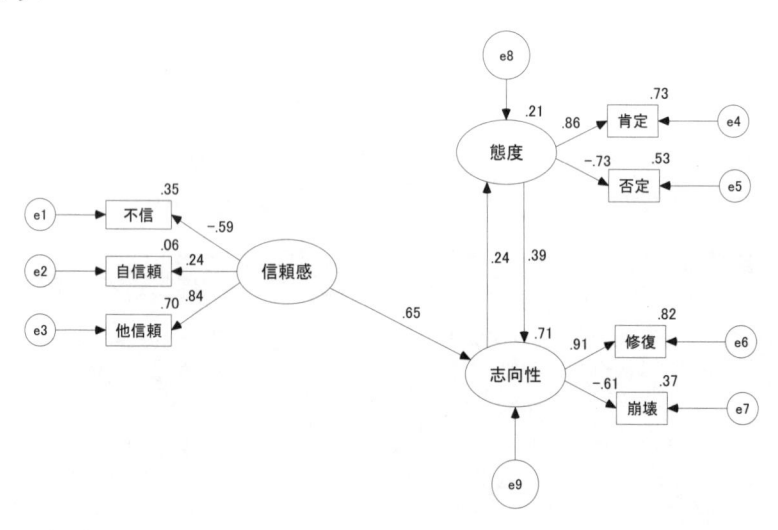

テキスト出力をチェック．

テキスト出力の「モデルについての注釈」で，「カイ2乗」の部分を見る．

- カイ2乗＝33.77，自由度＝11，確率水準＝.000 であり，有意となっているのであまりよいモデルではない可能性がある．

「モデル適合」の「GFI」「AGFI」の部分を見る．

- GFI は.912 と比較的高い値であるが，AGFI は.777 でやや低い．

結果 (モデル番号 1)

最小値に達しました。
カイ2乗 ＝ 33.771
自由度 ＝ 11
確率水準 ＝ .000

RMR, GFI

モデル	RMR	GFI	AGFI	PGFI
モデル番号 1	1.391	.912	.777	.358
飽和モデル	.000	1.000		
独立モデル	6.416	.598	.464	.448

「パラメータ推定値」を見る．

- どうやら，**志向性**から**態度**へのパスが有意ではないようだ．

係数: (グループ番号 1 - モデル番号 1)

			推定値	標準誤差	検定統計量	確率	ラベル
志向性	<---	信頼感	.571	.120	4.735	***	
他信頼	<---	信頼感	1.000				
自信頼	<---	信頼感	.244	.116	2.108	.035	
不信	<---	信頼感	-1.130	.247	-4.581	***	
肯定	<---	態度	1.000				
否定	<---	態度	-.760	.153	-4.951	***	
修復	<---	志向性	1.000				
崩壊	<---	志向性	-.661	.121	-5.451	***	
態度	<---	志向性	.266	.191	1.393	.164	
志向性	<---	態度	.343	.125	2.739	.006	

標準化係数: (グループ番号 1 - モデル番号 1)

			推定値
志向性	<---	信頼感	.645
他信頼	<---	信頼感	.837
自信頼	<---	信頼感	.243
不信	<---	信頼感	-.593
肯定	<---	態度	.856
否定	<---	態度	-.730
修復	<---	志向性	.907
崩壊	<---	志向性	-.612
態度	<---	志向性	.235
志向性	<---	態度	.388

モデルを改良してみよう！

- 以上のような結果から，さらにモデルを改良することができそうである．
- GFI，AGFI，AIC などの適合度指標やパラメータ推定値を手がかりにしながら，モデルの改良を行ってほしい．

● 第8章 演習問題 ●

4-1 (p.184) で行った，双方向の因果モデルを改良し，実際に分析を行いなさい．さらに，改良されたモデルから，これらの概念についてどのようなことが言えるのかを考察してみよう． 　　　　　　　　　　　　　　　　　　　（解答例は，p.210）

第9章
共分散構造分析を使いこなす

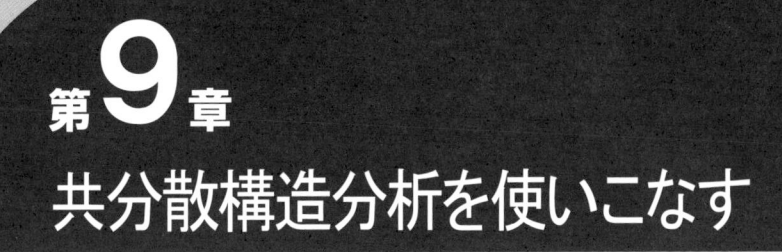

多母集団の同時解析とさまざまなパス図

Section 1 相違を調べる方法

共分散構造分析を行う際，男女や世代など，グループ間で比較を行いたい時がある．そのような分析に対応する**多母集団の同時分析**を行ってみよう．

1-1 ● 自尊感情のモデル例

単純な重回帰分析の例を行ってみよう．学業成績（X），友人との親密性（Y），自尊感情（Z）について，男女10名ずつからデータを得た．このデータで，学業成績と親密性が自尊感情に及ぼすというモデルを，男女で比較する．

NO	性別	成績(X)	親密性(Y)	自尊感(Z)
1	F	2	2	4
2	F	1	2	1
3	F	3	5	5
4	F	4	4	2
5	F	2	3	3
6	F	3	4	3
7	F	2	4	3
8	F	3	4	2
9	F	2	4	4
10	F	2	2	2
11	M	2	4	2
12	M	3	4	4
13	M	3	3	5
14	M	2	4	3
15	M	3	4	2
16	M	3	4	3
17	M	4	4	3
18	M	2	5	3
19	M	3	3	3
20	M	4	4	3

1-2 相関関係をみる

まず，SPSSで男女別の相関関係をみてみよう．

- データを入力したら，[データ(D)]メニュー ⇒ [ファイルの分割(F)] を選択．
  - ➢ [グループごとの分析(O)]をクリックし，枠の中に sex を指定する．
- OK をクリックすると，男女別に分析を行うことができる．
- [分析(A)]メニュー ⇒ [相関(C)] ⇒ [2変量(B)] を選択．
  - ➢ 3つの変数を，[変数(V):]に指定する．
- OK をクリック．

男女で相関関係にどのような違いがみられるだろうか．

性別 = F

相関係数[a]

		x	y	z
x	Pearson の相関係数	1	.662*	.154
	有意確率 (両側)		.037	.671
	N	10	10	10
y	Pearson の相関係数	.662*	1	.466
	有意確率 (両側)	.037		.174
	N	10	10	10
z	Pearson の相関係数	.154	.466	1
	有意確率 (両側)	.671	.174	
	N	10	10	10

*. 相関係数は 5% 水準で有意 (両側) です．
a. sex = F

性別 = M

相関係数[a]

		x	y	z
x	Pearson の相関係数	1	-.292	.189
	有意確率 (両側)		.413	.601
	N	10	10	10
y	Pearson の相関係数	-.292	1	-.425
	有意確率 (両側)	.413		.221
	N	10	10	10
z	Pearson の相関係数	.189	-.425	1
	有意確率 (両側)	.601	.221	
	N	10	10	10

a. sex = M

1-3 ── Amosによる分析

SPSSに入力したデータを保存し，Amosを起動する．
起動したら下の図のようなモデルを描き，変数を指定する．

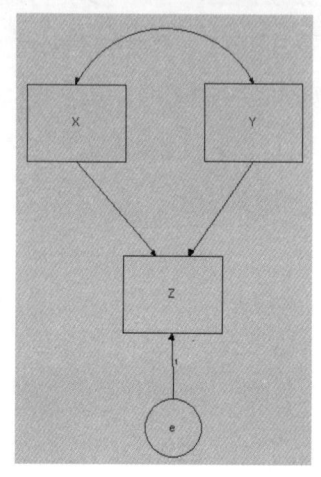

グループ別に推定値を求める時には……

(1) グループの設定

- ［モデル適合度(M)］ ⇒ ［グループ管理(G)］ を選択する．
    - ［グループ名(G)］を，男性に書き換える．
- 新規作成(N) をクリック．
    - ［グループ名(G)］を，女性に書き換える．
- 終了(C) をクリック．

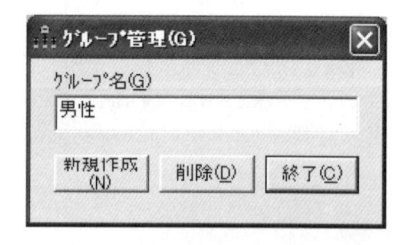

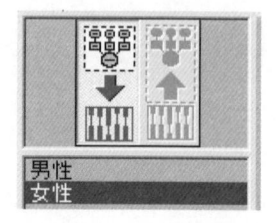

ウインドウ左側の上から2つ目の枠内に，**男性　女性** と表示されていることを確認しよう．

(2) データを指定する

- ツールバーの[**データファイルを選択**]アイコン（▦）をクリック．
    - グループ名の**男性**を選択した状態で，グループ化変数(G) をクリック．
        - 変数の一覧が表示されるので，SEX をクリックして， OK ．
    - グループ値(V) をクリック
        - 男性なので，M を選択して， OK ．
- **女性**についても同様に行う．下のような状態になったら， OK をクリック．

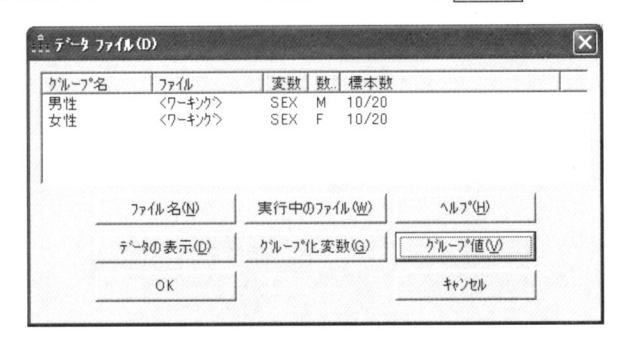

(3) 推定値を計算する

- ツールバーの[**分析のプロパティ**]アイコン（▦）の[**出力**]で，[標準化推定値(T)] [重相関係数の平方(Q)] [差に対する検定統計量(D)]にチェックを入れ，分析を実行する（[推定値を計算]アイコン▦）．
    - [差に対する検定統計量(D)]にチェックを入れると，グループ間で推定値が有意に異なるか否かを判断する指標が出力される．

§1 相違を調べる方法

(4) 結果の出力

■グラフィック出力

まず，グラフィック出力を見てみる．[**出力パス図の表示**]アイコン（右図）をクリックする．出力は，[**標準化推定値**]を見ることにしよう．

左側の**男性**，**女性**の文字をクリックすると，男性の推定値，女性の推定値がそれぞれ表示される．

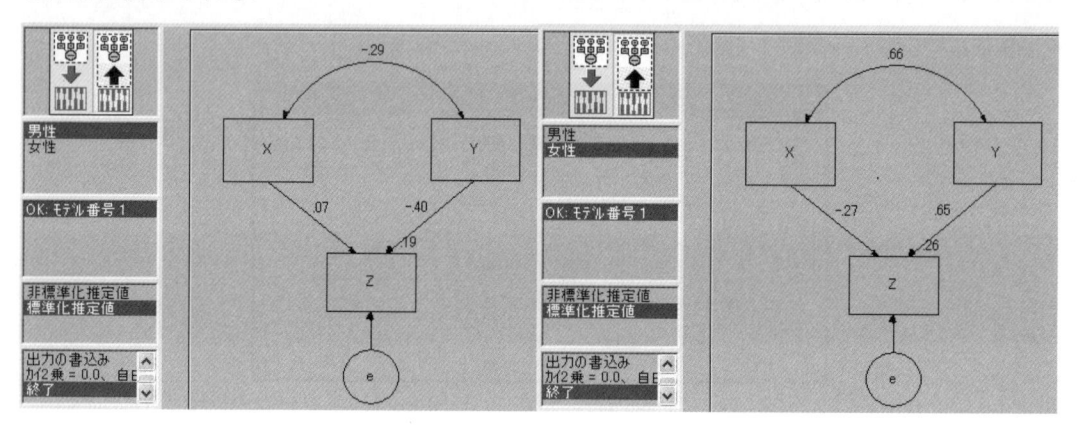

男性はY（親密性）からZ（自尊感情）に対して負のパス係数であるのに対して，**女性**では正のパス係数となっている．

■テキスト出力

ツールバーの[**テキスト出力の表示**]アイコン（📄）をクリック，あるいは[**表示(V)**]メニュー ⇒ [**テキスト出力の表示(X)**] を選択する．

[**パラメータ推定値**]を見てみよう．左側のウインドウ内に表示されている **男性**，**女性**の文字をクリックすると，男女別の推定値が表示される．

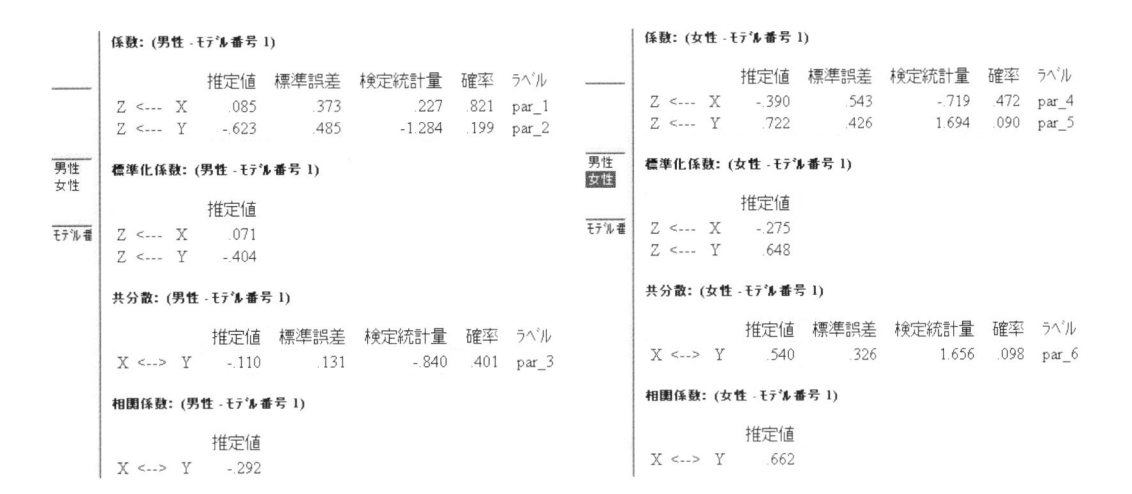

```
係数: (男性 - モデル番号 1)                              係数: (女性 - モデル番号 1)
              推定値   標準誤差   検定統計量   確率   ラベル              推定値   標準誤差   検定統計量   確率   ラベル
   Z <--- X    .085     .373       .227      .821  par_1     Z <--- X   -.390     .543      -.719    .472  par_4
   Z <--- Y   -.623     .485     -1.284      .199  par_2     Z <--- Y    .722     .426      1.694    .090  par_5

男性  標準化係数: (男性 - モデル番号 1)                   男性  標準化係数: (女性 - モデル番号 1)
女性          推定値                                     女性          推定値
   Z <--- X    .071                                         Z <--- X   -.275
モデル番  Z <--- Y   -.404                                  モデル番  Z <--- Y    .648

     共分散: (男性 - モデル番号 1)                             共分散: (女性 - モデル番号 1)
              推定値   標準誤差   検定統計量   確率   ラベル              推定値   標準誤差   検定統計量   確率   ラベル
   X <--> Y  -.110     .131      -.840      .401  par_3    X <--> Y    .540     .326      1.656    .098  par_6

     相関係数: (男性 - モデル番号 1)                           相関係数: (女性 - モデル番号 1)
              推定値                                                   推定値
   X <--> Y  -.292                                         X <--> Y   .662
```

次に，パス係数の違いに統計的な意味があるのかどうかを見るために，［1対のパラメータの比較］の中にある，［パラメータ間の差に対する検定統計量］をクリックしよう．

1対のパラメータの比較 (モデル番号 1)

パラメータ間の差に対する検定統計量 (モデル番号 1)

	par_1	par_2	par_3	par_4	par_5	par_6	par_7	par_8	par_9	par_10	par_11	par_12
par_1	.000											
par_2	-1.364	.000										
par_3	-.492	1.021	.000									
par_4	-.721	.319	-.502	.000								
par_5	1.125	2.083	1.866	1.257	.000							
par_6	.919	1.989	1.850	1.469	-.339	.000						
par_7	.923	2.071	1.952	1.492	-.479	-.125	.000					
par_8	.517	1.811	1.789	1.215	-.965	-.707	-.775	.000				
par_9	1.043	2.144	2.274	1.576	-.318	.053	.206	.913	.000			
par_10	1.157	2.210	2.281	1.658	-.157	.478	.395	1.057	.193	.000		
par_11	1.550	2.411	2.266	1.955	.490	1.604	1.015	1.474	.857	.890	.000	
par_12	1.488	2.384	2.272	1.907	.376	.746	.919	1.413	.751	.581	-.128	.000

パラメータ推定値の出力を見ると，**男性のXからZへのパスはpar_1，YからZへのパスはpar_2，女性のXからZへのパスはpar_4，YからZへのパスはpar_5**という名前が自動的に付けられている．

そこで，前の表でpar_1とpar_4，par_2とpar_5が交わる部分の数値を見てみると，

§1 相違を調べる方法 197

par_1とpar_4で−.721，par_2とpar_5で2.083という数値になっている．

> この値は，2つのパス係数の差異を標準正規分布に変換した値である．
> 有意水準を5％に設定する時，この値が **1.96 以上**であれば，2つのパス係数の間に有意な差が見られるということを意味する．

このデータの場合，Y（親密性）から Z（自尊感情）へのパス係数について，男女で有意な差が認められるということになる．

STEP UP：結果を理解しやすくするために……

◎パスに任意の名前を付ける

（パス係数を表示しないモードで行う）

- ［ツール(T)］メニュー ⇒ ［マクロ(A)］ ⇒ Name Parameters を選択．
  - ➢ 共変関係（↔）に名前を付ける時には，Covariances にチェックを入れる．
  - ➢ 影響関係（→）に名前を付ける時には，Regression weights にチェックを入れる．
- ОК をクリック．
- 複数のグループごとに任意の名前を付けることもできる．

◎モデルを複数つくる

グループごとに制約を入れることによって，グループで異なるモデルを同時に分析することができる．

- ［モデル適合度(M)］メニュー ⇒ ［モデルを管理(A)］ を選択．
- 新規作成(N) をクリックすると，モデルが追加される．

ここでは，さまざまなパラメータの制約をつけることができる．たとえば，あるグループの特定のパスについて「影響なし」という制約を付ける時には，〈係数名〉＝0という制約を［パラメータ制約(P)］の枠内に記入する．このような制約を入れることによって，複数のモデルの比較を容易にすることができる．またグループそれぞれでモデルを構成し，分析を行うこともできる．

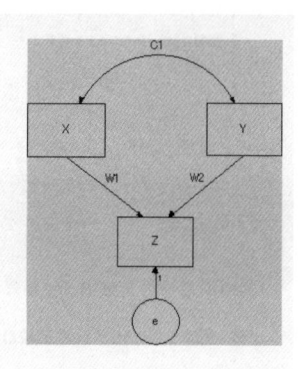

Section 2 さまざまな分析のパス図

これまででパス図の描き方を学んできた．ここでは，これまでに出てきた分析をパス図で表現することを試みてみよう．

2-1 相関

相関関係（共変関係）は相互の矢印（↔）で表現する．第6章§2で算出した相関係数を図示すると，以下のようになる（ただし，この図では有意でない相関も，パスとして描いている）．

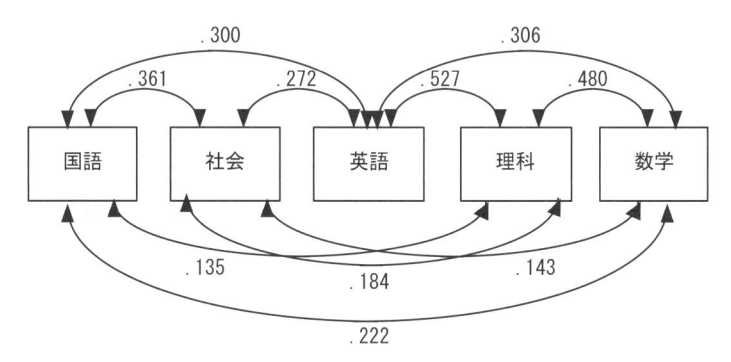

```
        .300                .306
    .361     .272     .527     .480
  ┌──┐  ┌──┐  ┌──┐  ┌──┐  ┌──┐
  │国語│  │社会│  │英語│  │理科│  │数学│
  └──┘  └──┘  └──┘  └──┘  └──┘
       .135     .184     .143
              .222
```

2-2 偏相関

たとえば，身長と体重を10歳から20歳の男女で調べ，相関係数を算出すると，身長と体重の相関係数は非常に高いものになる．しかしその相関関係には，第3の変数である「年齢」がおおきく影響を及ぼしている．

この例のように，第3の変数を取り除いた（**統制した**という）相関係数を**偏相関係数**

という（SPSSでの算出方法は，第2章参照）．パス図で偏相関係数を表現すると，下の図のようになる．ここで偏相関係数（ry1.2）は，身長(X1)と体重(Y)に影響を及ぼす年齢(X2)では説明できない，誤差(E1,E2)間の相関に相当する．

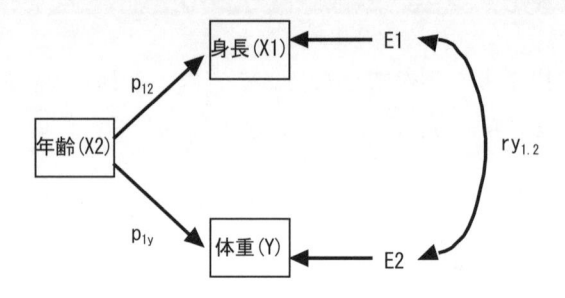

2-3 重回帰分析

重回帰分析は，複数の独立変数（説明変数）が1つの従属変数（基準変数）に影響を及ぼすモデル（いずれも量的変数）である．

第5章の **2-4** で行った重回帰分析をパス図で表すと，以下のようになる．

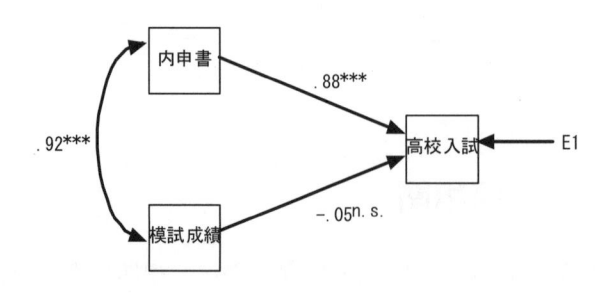

2-4 多変量回帰分析

多変量回帰分析は，複数の独立変数（説明変数）で複数の従属変数（基準変数）を予測するモデルである．

たとえば，中学時代の**内申書・動機づけ・友人関係のあり方**が，高校入学後の**成績**と**学校の満足度**に影響を及ぼすという仮説を立てた場合，下のようなパス図を描くことができる．

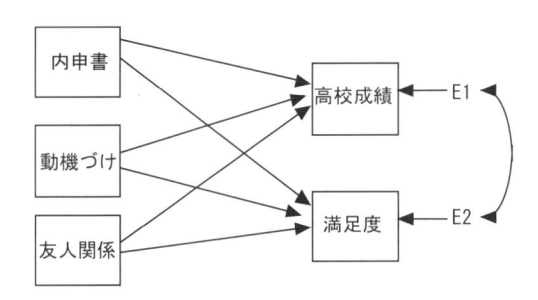

このような分析を行いたい場合には……

重回帰分析をくり返す
- 従属変数ごとに重回帰分析をくり返し，得られた標準偏回帰係数をパス図の中に記入する．
- 誤差間(E1,E2)の相関は，独立変数（説明変数）を統制した偏相関係数を記入すればよい．

共分散構造分析を行う
- Amos（やSASのCALISプロシジャ）を用いてモデルを構成し，パス係数を推定する．
- 共分散構造分析が使える環境であれば，こちらを使用した方がよいだろう．

2-5 階層的重回帰分析

[A]が[B]に，[A]［B]が［C]に影響を及ぼす，といったかたちの分析を**階層的重回帰分析**という．

たとえば中谷[32]，(2002)で示されたパス図を下に示す（誤差は省略してあるが，決定係数[R^2]が記入されているので計算は可能である）．

```
                (R²=.08)          (R²=.33)         (R²=.35)         (R²=.55)
  社会的責任目標 ──→ 社会的責任行動 ──→ 友人からの受容 ──→ 教科学習への意欲 ──→ 学業成績
               .28**            .59***           .24*             .65***
                                   .39***              * p<.05  ** p<.01  *** p<.001
```

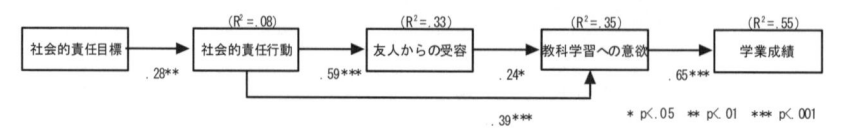

Figure 社会的責任目標が学業達成に及ぼす影響—友人からの受容を媒介とした動機づけプロセス（決定係数（R2）は全てp<.001；有意ではないパスは省略）（中谷［32］，2002を改変）

このような分析を行いたい場合には……

> **重回帰分析をくり返す**
> 1. 社会的責任目標を独立変数（説明変数），社会的責任行動を従属変数（基準変数）とした回帰分析を行う．
> 2. 社会的責任目標，社会的責任行動を独立変数（説明変数），友人からの受容を従属変数（基準変数）とした重回帰分析を行う．
> 3. 社会的責任目標，社会的責任行動，友人からの受容を独立変数（説明変数），教科学習への意欲を従属変数（基準変数）とした重回帰分析を行う．
> 4. 社会的責任目標，社会的責任行動，友人からの受容，教科学習への意欲を独立変数（説明変数），学業成績を従属変数（基準変数）とした重回帰分析を行う．
> 5. 得られた標準偏回帰係数（β）をパス係数とし，有意なパス係数が得られた部分を矢印で描く．
>
> **共分散構造分析を行う**
> - Amos（や SAS の CALIS プロシジャ）を用いてモデルを構成し，パス係数を推定する．
> - この場合は分析をくり返す必要はない．

重回帰分析をくり返す手法は，探索的な手法といえるだろう．

2-6 主成分分析

主成分分析は，観測された変数が共有する情報を，合成変数として集約する手法である．

第7章§4の分析例の結果をパス図として表現すると，以下のようになる．

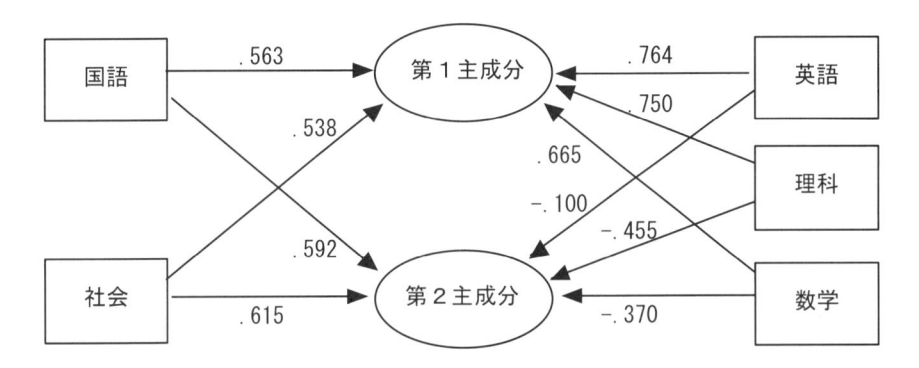

```
国語 --.563--> 第1主成分 <--.764-- 英語
       .538↗              ↖.750
                           .665
                          -.100
         .592↗           -.455
社会 --.615--> 第2主成分 <--.370-- 数学
```

(国語→第1主成分: .563, 国語→第2主成分: .538, 社会→第1主成分: .592, 社会→第2主成分: .615, 英語→第1主成分: .764, 英語→第2主成分: .750, 理科→第1主成分: .665, 理科→第2主成分: -.100, 数学→第1主成分: -.455, 数学→第2主成分: -.370)

矢印の向きは，測定された変数から主成分に向かう．主成分は潜在的に仮定されるので，楕円で描く．

第7章§4で考察したように，**第1主成分**は5教科すべてから大きな影響を受けているので<u>総合学力</u>，**第2主成分**は国語と社会が正の，理科と数学が負の影響を与えているので<u>文系と理系のどちらが優位か</u>を表していると考えられる．

2-7 探索的因子分析（直交回転）

第6章§2で行った，因子分析（主因子解・バリマックス回転）の結果をパス図として表現すると次のようになる．

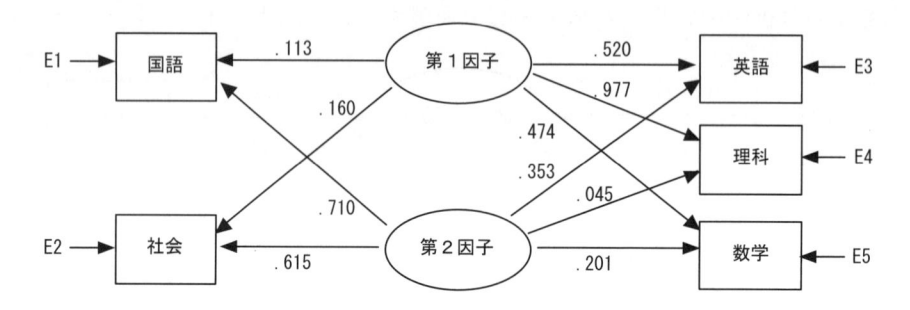

```
E1 → 国語 ←.113── 第1因子 ──.520→ 英語 ← E3
         .160↗         ↘.977↗
                  .474↗      → 理科 ← E4
                  .353↗ .045↗
         .710↗         ↘
E2 → 社会 ←.615── 第2因子 ──.201→ 数学 ← E5
```

　因子分析では，共通因子が測定された変数に影響を及ぼすことを仮定するので，**2-6**の主成分分析のパス図（p.203）とは矢印の向きが逆になる．**第1因子**は理科や数学，英語に正の影響を及ぼし，**第2因子**は国語や社会，英語に正の影響を及ぼしている．したがって，第1因子を**理系能力**，第2因子を**文系能力**と解釈することができる．

2-8 探索的因子分析（斜交回転）

第6章§3，自尊心尺度の因子分析（斜交回転）をパス図として表現すると以下のようになる（係数は省略してある）.

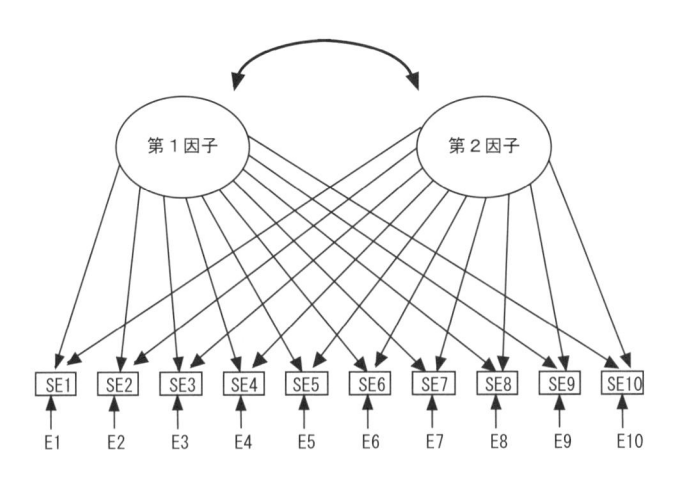

斜交回転の場合，「**因子間に相関を仮定する**」ので，第1因子と第2因子の間に相互の矢印（↔）を入れる．直交回転の場合は「因子間に相関を仮定しない」ので，相互の矢印はない．主成分分析の場合にも，得られた主成分間の相関を仮定しないので，相互の矢印はない．

2-9 確認的因子分析（斜交回転）

　第6章および第7章で学んだ因子分析の手法は，特別な仮説を設定して分析を行うわけではないので，**探索的因子分析**とよばれる．その一方で，研究者が立てた因子の仮説を設定し，その仮説に基づくモデルにデータが合致するか否かを検討する手法を**確認的因子分析**（あるいは**検証的因子分析**）とよぶ．

　第6章§2のデータを用いて，実際にAmosで確認的因子分析を行った結果をパス図で表すと以下のようになる．

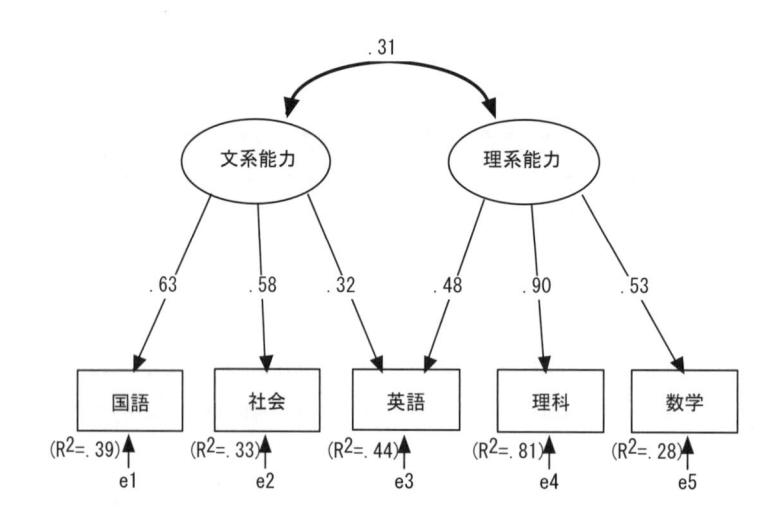

```
                    .31
            ┌───────────────┐
            ↓               ↓
        ( 文系能力 )     ( 理系能力 )
         ╱  │  ╲         ╱  │  ╲
      .63 .58  .32     .48 .90  .53
       ↓   ↓    ↓       ↓   ↓    ↓
     [国語][社会][英語][理科][数学]
      ↑     ↑    ↑     ↑     ↑
   (R²=.39)(R²=.33)(R²=.44)(R²=.81)(R²=.28)
      e1    e2    e3    e4    e5
```

　探索的因子分析とは異なり，研究者が設定した仮説の部分のみにパスが引かれている点に注目してほしい．

2-10 高次因子分析

2-9では，文系能力と理系能力という2つの因子を設定したが，さらにこれらは学力の**総合能力**という，より高次の因子から影響を受けると仮定することも可能である．このように，複数の因子をまとめるさらに高次の因子を設定するという，**高次因子分析**を行うこともある．

先のデータを用いて高次因子を仮定し，実際にAmosで分析した結果をパス図で表すと以下のようになる．この分析の場合，総合能力という**二次因子**を仮定している．

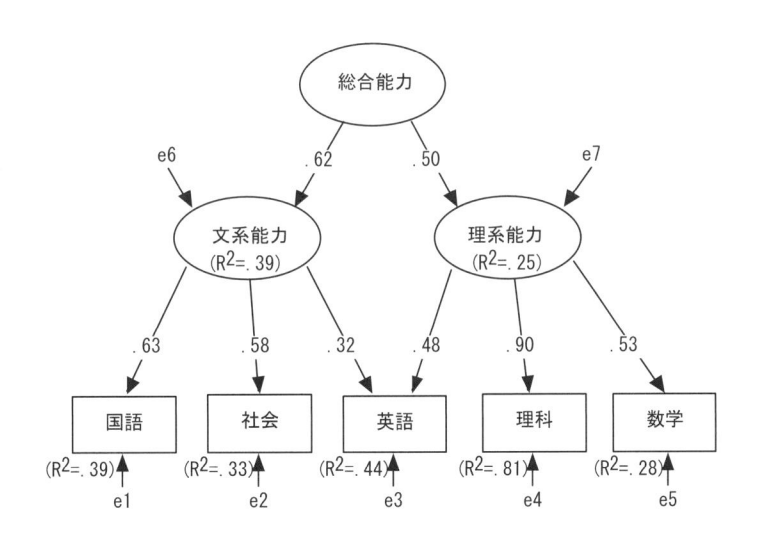

```
                        総合能力
                   .62 /      \ .50
          e6 →         文系能力           理系能力         ← e7
                      ($R^2$=.39)        ($R^2$=.25)
                    /    |    \        /    |    \
                 .63   .58  .32    .48   .90   .53
                  ↓    ↓    ↓      ↓    ↓    ↓
                 国語  社会  英語   理科  数学
              ($R^2$=.39)($R^2$=.33)($R^2$=.44)($R^2$=.81)($R^2$=.28)
                  ↑    ↑    ↑      ↑    ↑
                 e1   e2   e3     e4   e5
```

2-11 潜在変数間の因果関係

ここでもう一度，第8章の潜在変数間の因果関係・分析例2 (p.175)で示したモデルをみてみよう．

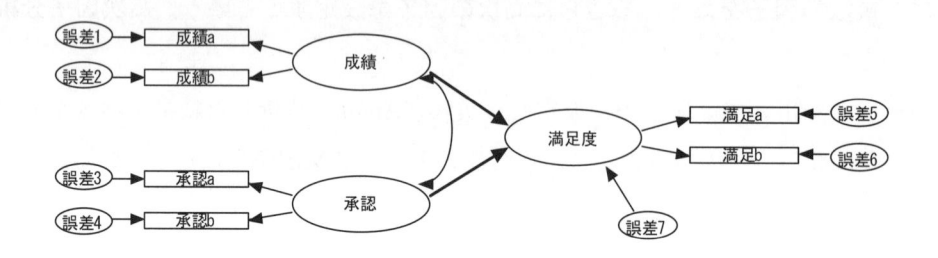

潜在変数：**成績**から観測変数：**成績a**，**成績b**へのパス，潜在変数：**承認**から**承認a**，**承認b**へのパス，潜在変数：**満足度**から**満足a**，**満足b**へのパスは，**確認的因子分析**と同じであることがわかるだろう．

潜在変数：**成績**と**承認**間の相互の矢印は，**相関関係**と同じであることがわかるだろう．同時に，潜在変数：**成績**と**承認**だけに注目すると，これは**斜交回転**による**確認的因子分析**と同じであることがわかるだろう．

潜在変数：**成績**，**承認**から**満足度**へのパスは**重回帰分析**と同じであることがわかるだろう．

つまり，このパス図は，

　　観測変数と潜在変数で確認的因子分析を，

　　潜在変数の間で重回帰分析を表現している

と考えることができる．

第9章　演習問題

友人からの評価が自分自身の評価（自信）にどの程度影響を与えるのかについて検討するために，大学生30名に対して各大学生につき友人3名からの評価を調査し，自信に関する3項目を各大学生の自己評定によって得た．データは以下の通りである．
Amosを用いて，「友人の評価」と「自信」という潜在変数を設定し，「友人の評価」から「自信」への影響力を検討しなさい．　　　　　　　　　（解答は，p.210）

NO	友人1	友人2	友人3	自信1	自信2	自信3
1	3	3	4	6	6	6
2	4	4	4	5	5	6
3	4	3	4	4	4	4
4	4	4	4	6	6	6
5	3	2	2	4	2	6
6	4	2	2	6	6	6
7	4	4	4	6	6	6
8	4	3	4	5	5	6
9	4	4	3	6	5	5
10	4	4	4	5	6	6
11	4	3	4	6	5	6
12	4	4	2	6	6	6
13	4	4	4	5	4	6
14	4	4	3	4	5	5
15	4	4	4	6	5	5
16	4	3	3	6	6	6
17	3	3	2	6	5	5
18	4	4	4	5	2	4
19	4	4	4	6	6	6
20	4	3	3	6	6	6
21	3	3	4	6	6	6
22	4	4	4	6	6	6
23	4	2	4	6	5	5
24	4	4	3	2	2	5
25	4	4	3	4	6	5
26	4	4	4	5	5	4
27	4	4	4	5	4	5
28	4	4	3	5	6	5
29	4	4	3	4	5	6
30	3	2	1	6	6	5

[第8章　演習問題（p.190）解答例］

　たとえば，志向性から態度へのパスを削除してみよう（なお，態度に影響を及ぼす要因がなくなるので，同時にe8も削除する）．このようにして分析を行うと

　　　GFI=.912，AGFI=.796，RMR=1.716，AIC=67.255

となる．AGFIがより高く，AICがより低くなっているので，p.187～189のモデルよりはデータにうまく適合するモデルとなる．

　この場合，自分や他者を信頼している人ほど，またケンカに対して肯定的な態度をとる人ほど，ケンカをしても関係が修復できるという信念を持つと考えられる．

　他にもモデルを考えることができるので，いろいろと試してみてほしい．

[第9章　演習問題（p.209）解答例］

　友人の評価から自信への影響を表すパス図は以下の通りである．

　このデータの場合，友人から自信へのパス係数（標準化係数）は-.08で有意ではない．

　したがって，友人の評価は自信に対してほとんど影響を及ぼさないと考えられる．

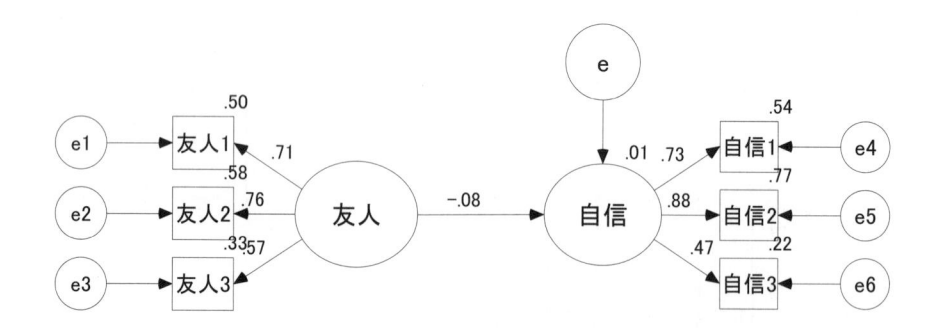

第10章 クラスタ分析と判別分析

分類と判別の方法

Section 1 クラスタ分析

1-1 クラスタ分析とは

　クラスタ分析とは，一定の手続きによって似ている対象（個体または変量）を自動的に集めて分類する手法である．言い換えると，調査対象を「似たものどうし」でまとめる時に使用する手法である．

　クラスタ分析では，**デンドログラム**（または，ツリーダイアグラム）と呼ばれる図が表示されるのが特徴的である．

　クラスタ分析は順序尺度にも適用することができるが，間隔尺度以上の尺度水準であることが望ましい．また，各変数の得点範囲が異なる場合には（たとえば変数1が最低0～最高10，変数2が最低1～最高100など），事前に「標準得点（平均0，標準偏差1）」に変換しておくのが望ましい．

　では，実際に分析してみよう．

1-2 ● 1つの指標による分類

7名の被験者に，あるテストを実施した．
テストの得点によって，被験者を分類したい．

被験者	得点
A	2
B	5
C	9
D	13
E	15
F	22
G	25

■データの型の指定と入力

- SPSSデータエディタの［変数ビュー］を開く．
  - 1番目の変数の名前に**被験者**，2番目に**得点**と入力する．
  - **被験者**の型は**文字型**にする．
- ［データビュー］を開き，データを入力する．

■クラスタ分析の実行

- ［分析(A)］メニュー ⇒ ［分類(Y)］ ⇒ ［階層クラスタ(H)］ を選択．
  - ［変数(V):］に，**得点**を指定する．
  - ［ケースのラベル(C):］に，**被験者**を指定する．
  - ［クラスタ対象］が［ケース(E)］になっていることを確認しよう．
- 作図(O) をクリック．
  - ［デンドログラム(D)］にチェックを入れる．

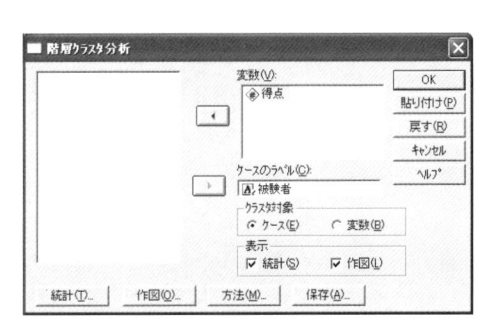

§1 クラスタ分析

- ➤ 続行 をクリックする.
- 方法(M) をクリック.
  - ➤ [クラスタ化の方法(M):]で手法を選ぶ.
    今回は,最近隣法を選んでみよう.
  - ➤ 続行 をクリックする.
- OK をクリック.

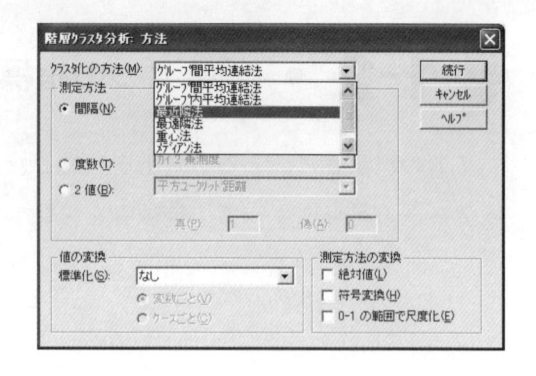

■出力の見方

まず,ケースがいくつあるのか,欠損値(データが欠落しているケースなど)がいくつあるのかなど,基本的な情報が出力される.

処理したケースの要約 a,b

	ケース					
	有効		欠損		合計	
度数	パーセント	度数	パーセント	度数	パーセント
7	100.0	0	.0	7	100.0

a. 平方ユークリッド距離 使用された
b. 単一連結

次に,クラスタができあがっていくプロセスが表示される.

クラスタ凝集経過工程

段階	結合されたクラスタ		係数	クラスタ初出の段階		次の段階
	クラスタ1	クラスタ2		クラスタ1	クラスタ2	
1	4	5	4.000	0	0	4
2	6	7	9.000	0	0	6
3	1	2	9.000	0	0	5
4	3	4	16.000	0	1	5
5	1	3	16.000	3	4	6
6	1	6	49.000	5	2	0

この表で段階を追っていくと……

- まず第1段階で,クラスタ4(4番目の被験者,つまりD)とクラスタ5(被験者E)が近いものとして結びつく.
- 第2段階で,クラスタ6(被験者F)とクラスタ7(被験者G)が近いものとして結びつく.
- 第3段階で,クラスタ1(被験者A)とクラスタ2(被験者B)が近いものとして結びつく.
- 第4段階で,クラスタ3(被験者C)とクラスタ1(第1段階で4と5が結びついた集まり)が,近いものとして結びつく.

- 第5段階で，クラスタ3(第3段階で1と2が結びついた集まり)とクラスタ4(第4段階で生じた集まり)が，近いものとして結びつく．
  - ➤ なお，係数を見ると同じ数値なので，第4段階と第5段階は同時に結びついていると言ってもよい．
- 第6段階で，クラスタ5(第5段階で生じた集まり)とクラスタ2(第2段階で6と7が結びついた集まり)が，まとまる．

上の表の段階を，図式的に表現したものが**デンドログラム**である（木の枝のようなので**ツリーダイアグラム**(樹状図)ともいう）．

デンドログラム

```
******HIERARCHICAL  CLUSTER   ANALYSIS******

Dendrogram using Single Linkage
                    Rescaled Distance Cluster Combine
   C A S E      0       5      10      15      20      25
  Label    Num  +-------+-------+-------+-------+-------+
  D         4
  E         5
  C         3
  A         1
  B         2
  F         6
  G         7
```

このデンドログラムを，Rescaled Distance Cluster Combineが10のところで縦に切ってみるとしよう．すると，[D, E, C, A, B]と[F, G]という2つのグループができる．

このように分けてみると，各グループ独自の特徴が見えてくるかもしれない．うまくその特徴が見えてきた場合には，クラスタ分析は成功ということになる．クラスタ分析は「この基準で分けてみたら興味深い，納得できる分類ができた」という態度で臨むものである．あくまでも探索的に行う分析であり，グループを分ける絶対的な基準があるわけではない．

1-3 ● 2つの指標による分類

10名の被験者に2つのテストを行った．2つのテストの得点によって，被験者を分類したい．

被験者	テスト1	テスト2
A	2	8
B	3	9
C	1	8
D	5	6
E	6	6
F	7	5
G	9	2
H	8	4
I	9	3
J	4	7

■データの型の指定と入力

- SPSSデータエディタの［変数ビュー］を開く．
  - ➢ 1番目の変数の名前に**被験者**，2番目に**テスト1**，3番目に**テスト2**と入力．
  - ➢ **被験者**の型は**文字型**にする．
- ［データビュー］を開き，データを入力する．

■クラスタ分析の実行

- ［分析(A)］メニュー ⇒ ［分類(Y)］ ⇒ ［階層クラスタ(H)］ を選択．
  - ➢ ［変数(V):］に，**テスト1，テスト2** を指定する．
  - ➢ ［ケースのラベル(C):］に，**被験者**を指定する．
  - ➢ ［クラスタ対象］が［ケース(E)］となっていることを確認しよう．
- 作図(O) をクリック．

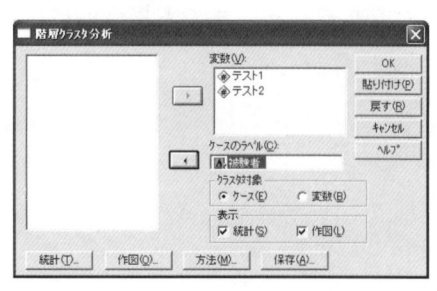

- ➤ ［デンドログラム(D)］にチェックを入れ，続行 をクリック．
- 方法(M) をクリック．
  - ➤ ［クラスタ化の方法(M):］で手法を選ぶ．今回は選択肢の一番下のWard法を選んでみよう．
  - ➤ 続行 をクリック．
- OK をクリック．

■出力の見方

デンドログラムに注目してみよう．縦の線を引いた部分でケースを分類すれば，［G,I,F,H］，［D,E,J］，［A,C,B］という３つのグループに分類することができそうである．

デンドログラム

```
* * * * * * H I E R A R C H I C A L   C L U S T E R   A N A L Y S I S * * * * * *

         Dendrogram using Ward Method

                       Rescaled Distance Cluster Combine
      C A S E    0     5    10    15    20    25
    Label  Num  +-----+-----+-----+-----+-----+
     G       7  ─┐
     I       9  ─┤
     F       6  ─┤
     H       8  ─┘
     D       4  ─┐
     E       5  ─┤
     J      10  ─┘
     A       1  ─┐
     C       3  ─┤
     B       2  ─┘
```

では次に，この３つのグループがどんな特徴をもっているのかを検討してみよう．

■ケースを分類する

同じデータで，再度クラスタ分析を行う．
- ［分析(A)］メニュー ⇒ ［分類(Y)］ ⇒ ［階層クラスタ(H)］ を選択する．
  - ➤ ［変数(V):］に，テスト１，テスト２ を指定．
  - ➤ 他の指定方法は先ほどと同じである．Ward法を用いる．
- 保存(A) をクリックする．

- ➤ ［所属クラスタ］の［単一の解(S)］をクリックし，枠内に，**3** と入力する．
    - ◆ 3つのクラスタのいずれに各ケースが所属するかが，データとして出力される．
- OK をクリック．

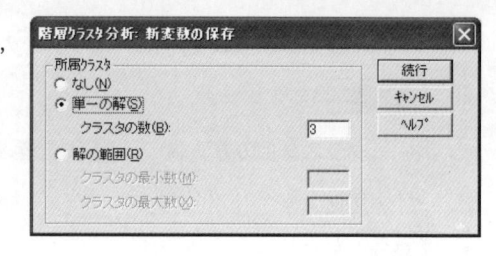

結果の出力とともに，新たなデータが追加される．

データエディタの［**データビュー**］を見てみよう．**テスト2**の後に，新たに変数が1つ加わっている様子がわかるだろう．

	被験者	テスト1	テスト2	CLU3_1
1	A	2	8	1
2	B	3	9	1
3	C	1	8	1
4	D	5	6	2
5	E	6	6	2
6	F	7	5	3
7	G	9	2	3
8	H	8	4	3
9	I	9	3	3
10	J	4	7	2

この3つのクラスタは，どのような特徴を持っているのだろうか．

■**グループの特徴を探る**

そこで，3つのクラスタ（**CLU3_1**）を独立変数，**テスト1**と**テスト2**を従属変数とした1要因3水準の分散分析を行ってみよう．

- ［分析(A)］ ⇒ ［平均の比較(M)］ ⇒ ［一元配置分散分析(D)］ を選択．
    - ➤ ［従属変数リスト(E)］に，**テスト1**と**テスト2**を指定する．
    - ➤ ［因子(F)］にクラスタ分析で出力された変数，Ward Method を指定する．
    - ➤ その後の検定(H) をクリックし，［Tukey(T)］を指定しておこう．
    - ➤ オプション(O) をクリックし，［記述統計量(D)］と［平均値のプロット(M)］を指定する．
- 続行 をクリックして，OK をクリック．

分析結果は，以下のようになる．

まず，各グループの**テスト1**，**テスト2**の平均値と標準偏差は以下の通り．

記述統計

		度数	平均値	標準偏差	標準誤差	平均値の95%信頼区間 下限	平均値の95%信頼区間 上限	最小値	最大値
テスト1	1	3	2.00	1.000	.577	-.48	4.48	1	3
	2	3	5.00	1.000	.577	2.52	7.48	4	6
	3	4	8.25	.957	.479	6.73	9.77	7	9
	合計	10	5.40	2.875	.909	3.34	7.46	1	9
テスト2	1	3	8.33	.577	.333	6.90	9.77	8	9
	2	3	6.33	.577	.333	4.90	7.77	6	7
	3	4	3.50	1.291	.645	1.45	5.55	2	5
	合計	10	5.80	2.300	.727	4.15	7.45	2	9

分散分析の結果は以下のようになる．

分散分析

		平方和	自由度	平均平方	F値	有意確率
テスト1	グループ間	67.650	2	33.825	35.078	.000
	グループ内	6.750	7	.964		
	合計	74.400	9			
テスト2	グループ間	41.267	2	20.633	22.805	.001
	グループ内	6.333	7	.905		
	合計	47.600	9			

テスト1と**テスト2**の平均値をグラフに描くと以下のようになる．

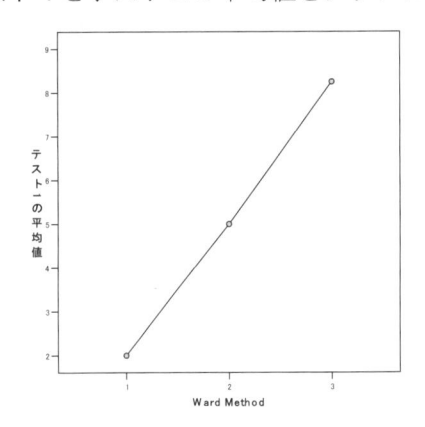

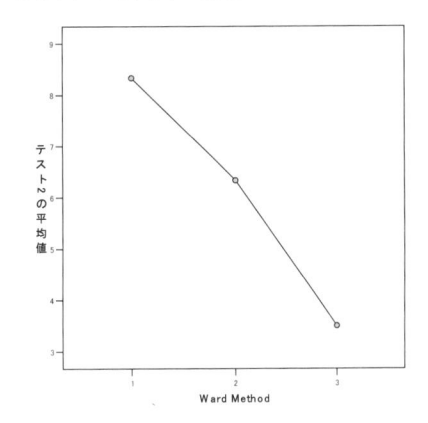

結果から，クラスタ分析で分類された3つのグループは，次の特徴をもつといえる．

　　　第1グループ：テスト1の得点が低くテスト2の得点が高い
　　　第2グループ：テスト1もテスト2も中程度の得点
　　　第3グループ：テスト1の得点が高くテスト2の得点が低い

このように，クラスタ分析で調査対象を分類し，その後で，得られた結果を別の分析に用いることができる．

Section 2 判別分析

2-1 判別分析とは

　判別分析とは，ひとつの従属変数（基準変数；質的データ）を，複数の独立変数（説明変数；量的データ）から予測・説明する手法である．

　基準変数が質的データ，すなわちA, B, Cなどというカテゴリーで構成されているので，説明変数で予測・説明するということは，AであるかBであるかCであるかを判別するということになる．

■判別するとは

　判別分析では，従属変数を構成するカテゴリーを判別するために「群分け」を行う．群分けを行う際には，独立変数を利用して，複数あるカテゴリーを2分する1本の直線を導き出す．この直線を表す関数を**判別関数**とよぶ．

　カテゴリーが2つの場合には，1本の直線を引けばよい．

カテゴリーが3つある場合には，2本の直線を引く必要がある．

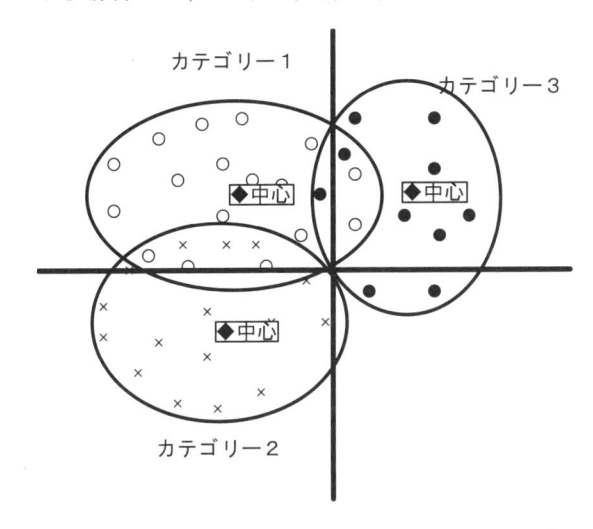

カテゴリー1
カテゴリー3
◆中心
◆中心
◆中心
カテゴリー2

　実際には，この線引き作業で完全に群分けができるわけではなく，一方の群と他方の群をできるだけうまく区別できるところを探して，そこに線を引くことになる．また，カテゴリーが3つある時に必ず2本の線が引けるわけではない．何本の線が引けるのかも，検定結果を見ながら判断する．

■結果に何が出てくるのか

標準化判別係数
- 基準変数を構成するカテゴリーの群分けに，各独立変数が貢献する程度．

判別的中率
- いくつかの群分け作業を通して行った判別の結果が，実際のカテゴリーとどの程度一致するのかの確率．

　判別分析は，
- 血圧，性格傾向，1日にとるカロリー数から心臓疾患の有無を予測する．
- 学業成績，職業興味，動機づけから進学した学部を予測する．

といった分析に使用することができる．

2-2 高校生のケイタイ所有調査

高校生10名に対して調査を行った．友人数，積極性，お小遣いの多さから携帯電話の所有の有無を予測したい．なお，携帯電話を所有している場合を「1」，所有していない場合を「0」とする．

所有状態	友人数	積極性	小遣い
1	8	3	4000
1	10	4	6000
1	6	4	4500
0	4	5	4000
1	8	4	8000
0	6	2	6000
0	4	3	8000
1	8	5	9500
0	6	2	6000
0	2	2	3000

■データの型の指定と入力

- SPSSデータエディタの［変数ビュー］を開く．
    - 1番目の変数の名前に**所有状態**，2番目に**友人数**，3番目に**積極性**，4番目に**小遣い**と入力．
    - ［データビュー］を開いて数値を入力する．

■判別分析の実行

- ［分析(A)］メニュー ⇒ ［分類(Y)］ ⇒ ［判別分析(H)］ を選択．
    - ［グループ化変数(G):］に，所有状態を指定する．
    - 範囲の定義(D) をクリックし，［最小(I):］に0，［最大(A):］に1を入力．
    - 続行 をクリック．

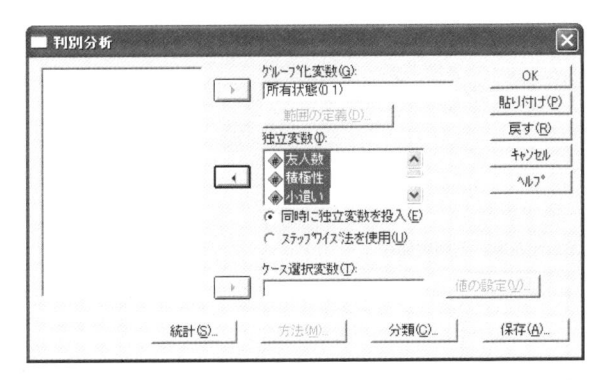

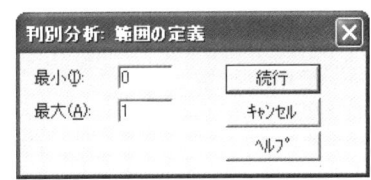

- ［独立変数(I):］に，友人数，積極性，小遣い を指定．
- 分類(C) をクリックする．
  ➢ ［表示］の［交差妥当化(V)］にチェックを入れる．
- OK をクリック．

■出力の見方

固有値と正準相関係数が算出される．正準相関が高い値であることは，うまくグループを識別することができる判別関数が得られたことを表す．

固有値

関数	固有値	分散の %	累積 %	正準相関
1	2.597[a]	100.0	100.0	.850

a. 最初の 1 個の正準判別関数が分析に使用されました。

Wilksのラムダは，独立変数（説明変数）の平均値がグループ間で異なっているかどうかを表す．これが有意でないことは，2つのグループの距離が十分に離れていない（本章 **2-1** の図(p.220)で，2つの円の距離が十分に離れておらず，十分に区別できない）ことを意味する．

ここでの有意確率は，上記の正準相関の有意水準と考えてよい．

Wilks のラムダ

関数の検定	Wilks のラムダ	カイ2乗	自由度	有意確率
1	.278	8.321	3	.040

標準化された正準判別係数は，基準変数を構成するカテゴリーの群分けに，各独立変数が貢献する程度を意味する．重回帰分析でいえば標準偏回帰係数に相当する値である．この結果では，友人数が 1.02 と大きな値をとり，積極性の影響力は友人数よりも小さい．小遣いは負の値を示している．

標準化された正準判別関数係数

	関数
	1
友人数	1.017
積極性	.600
小遣い	-.358

グループ重心の関数は，p.220，p.221 の図の円の中心が，直線からどの位置にあるのかを表す数値である．直線を0とすると，「所有なし」は−1.44 の位置に，「所有あり」は 1.44 の位置にある．

グループ重心の関数

所有状態	関数
	1
0	-1.441
1	1.441

グループ平均で評価された標準化されていない正準判別関数

上記2つの表を合わせて考えると，友人数が多く積極的な者ほど携帯電話を所有する傾向にあり，逆にそれらが低く小遣いが多い者ほど所有しない傾向にあるといえる．加えて，今回のデータのみからは明確なことは言えないが，小遣いが多い者ほど所有しない傾向にあるということは，親が子どもの携帯電話料金をはらう分だけ，子どもの小遣いを少なくしていることを意味しているのかもしれない．

交差妥当化の結果が示される．
「交差確認済み」の部分を見ると，10 名中1名だけの予測が外れている．したがって，「判別的中率は90%」ということになる．

分類結果 b,c

			所有状態	予測グループ番号 0	予測グループ番号 1	合計
元のデータ	度数		0	5	0	5
			1	0	5	5
	%		0	100.0	.0	100.0
			1	.0	100.0	100.0
交差確認済み	度数		0	4	1	5
			1	0	5	5
	%		0	80.0	20.0	100.0
			1	.0	100.0	100.0

a. 交差確認は分析中のケースのみに実行されます．交差確認では，各ケースはそのケース以外のすべてのケースから得られた関数により分類されます．
b. 元のグループ化されたケースのうち 100.0% が正しく分類されました．
c. 交差確認済みのグループ化されたケースのうち 90.0% が正しく分類されました．

第10章 演習問題(1)

抑うつ尺度と攻撃性尺度を20名に実施した.
この2つの尺度から,被調査者をクラスタ分析によっていくつかのグループに分類し,分散分析によって各グループの特徴を明らかにしなさい.

(解答は,p.237)

ケース	抑うつ性	攻撃性
A	7	15
B	12	8
C	4	10
D	8	12
E	14	10
F	20	2
G	20	13
H	18	10
I	8	11
J	12	5
K	17	12
L	18	8
M	12	12
N	2	9
O	18	16
P	16	5
Q	0	16
R	20	6
S	20	12
T	15	19

第10章 演習問題(2)

ある病気を診断する目的で，AとBという2つの検査が開発された．実際に2つの検査からどの程度その病気を診断できるのかどうか，そしてAとBのどちらがより診断に有効であるのかを知りたい．以下のデータ（検査A，検査B，病気の有無[0:なし，1:あり]）について判別分析を行い，検討しなさい．

（解答は，p.237）

検査A	検査B	病気の有無
40	25	1
20	35	1
12	36	1
30	29	1
22	28	1
27	25	0
24	18	0
22	10	0
22	10	0
25	20	0

第11章 コレスポンデンス分析

質的データの関連を図式化する

Section 1 コレスポンデンス分析

1-1 コレスポンデンス分析とは

コレスポンデンス分析（対応分析）とは，外部基準のない質的データを数量化する手法の1つであり，似た反応を示すものを探す時に有効な手法である．2つの変数間の関連を示す時にはコレスポンデンス分析，2つ以上の関連を示す時には等質性分析（多重コレスポンデンス分析）と呼ばれる手法を用いる．

なお，SPSSでコレスポンデンス分析を行うためには，SPSS Categoriesオプションが必要である．

1-2 大学生の講義への意識調査

4つの講義（A,B,C,D）に対する興味に関して，**興味なし・どちらでもない・興味あり**の3つの選択肢を用いて，大学生50名に対して調査を行った．データは右のようなものであった．

授業は1がA，2がB，3がC，4がDを表し，

興味は1が**興味なし**，2が**どちらでもない**，3が**興味あり**を表す．

人数は，各授業に対してそれぞれの選択肢を選んだ人数を意味する．これまでのデータの入力の仕方とは異なるので注意してほしい．

授業	興味	人数
1	1	5
2	1	10
3	1	2
4	1	20
1	2	35
2	2	20
3	2	43
4	2	10
1	3	10
2	3	20
3	3	5
4	3	20

■データの型の指定と入力

- SPSS データエディタの［変数ビュー］を開く．
  - 1番目の変数の名前に**授業**，2番目に**興味**，3番目の変数名に**人数**と入力する．
  - 被験者の型は**文字型**にする．
  - 授業の値ラベルで，1をA，2をB，3をC，4をDと指定する．
  - 興味の値ラベルで，1を興味なし，2をどちらでもない，3を興味ありと指定する．
- ［データビュー］を開き，データを入力する．

■データの重み付け

- ［データ(D)］ ⇒ ［ケースの重み付け(W)］ を選択する．
- ［ケースの重み付け(W)］をチェックして，［度数変数(F)］に，人数 を指定する．
- OK をクリック．

■コレスポンデンス分析の実行

- ［分析(A)］メニュー ⇒ ［データの分解(D)］ ⇒ ［コレスポンデンス分析(C)］ を選択．
  - ［行(W)］に，興味を指定する．
    - ［範囲の定義(D)］で，［最小値(M):］を1，［最大値(A):］を3に指定し，更新(U) をクリック．
    - 続行 をクリックする．
  - ［列(C):］に，授業を指定する．
    - ［範囲の定義(F)］で，［最小値(M):］を1，［最大値(A):］を4に指定し，更新(U) をクリック．
    - 続行 をクリック．
  - 作図(O) をクリック．

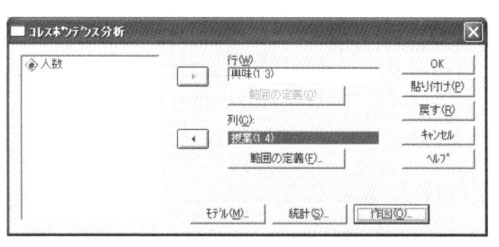

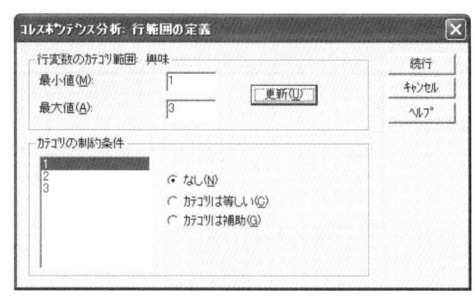

§1 コレスポンデンス分析　229

- ♦ ［バイプロット(B)］［行ポイント(O)］
  ［列ポイント(M)］にチェックを入れて
  続行 をクリック．
- OK をクリック．

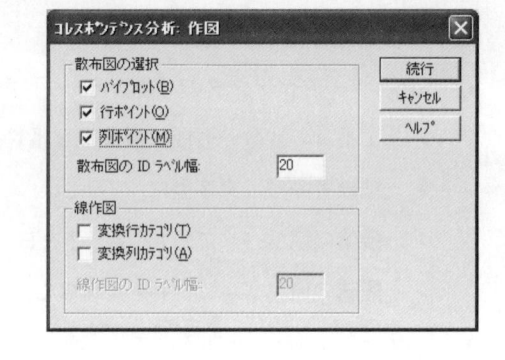

■出力の見方

まず，**授業**と**興味**の度数分布表が出力される．

コレスポンデンス テーブル

興味	授業				
	A	B	C	D	周辺
興味なし	5	10	2	20	37
どちらでもない	35	20	43	10	108
興味あり	10	20	5	20	55
周辺	50	50	50	50	200

次に**特異値**等が出力される．特異値の2乗が要約イナーシャの値になる．

イナーシャの寄与率の［説明］の部分を見ると，第1次元で.959 という値になっている．第1次元でデータ全体の 95.9% を説明していることを意味する．

要約

次元	特異値	要約イナーシャ	カイ2乗	有意確率	イナーシャの寄与率		信頼特異値	相関
					説明	累積	標準偏差	2
1	.522	.273			.959	.959	.056	.134
2	.107	.012			.041	1.000	.081	
要約合計		.284	56.832	.000a	1.000	1.000		

a. 自由度6

行ポイントの概要が出力される．［**次元の得点**］が，それぞれの反応の第1次元，第2次元の位置となる．

この値によって，それぞれの反応を平面上に表現することができる．

行ポイントの概要 a

興味	マス	次元の得点		概要イナーシャ	寄与率				
		1	2		次元のイナーシャに対するポイント		ポイントのイナーシャに対する次元		
					1	2	1	2	概要合計
興味なし	.185	.995	-.519	.101	.351	.464	.947	.053	1.000
どちらでもない	.540	-.657	-.052	.122	.446	.014	.999	.001	1.000
興味あり	.275	.621	.451	.061	.203	.522	.902	.098	1.000
合計	1.000			.284	1.000	1.000			

a. 対称的正規化

同様に，**列ポイント**が出力される．各授業が平面上でどこに位置するのかを知ることができる．

列ポイントの概要 a

授業	マス	次元の得点		概要イナーシャ	寄与率				概要合計
		1	2		次元のイナーシャに対するポイント		ポイントのイナーシャに対する次元		
					1	2	1	2	
A	.250	-.452	.018	.027	.098	.001	1.000	.000	1.000
B	.250	.353	.521	.024	.060	.632	.691	.309	1.000
C	.250	-.887	-.190	.104	.377	.084	.991	.009	1.000
D	.250	.986	-.349	.130	.466	.284	.975	.025	1.000
合計	1.000			.284	1.000	1.000			

a. 対称的正規化

行ポイントと列ポイントをそれぞれ平面上に示した図が表示される．

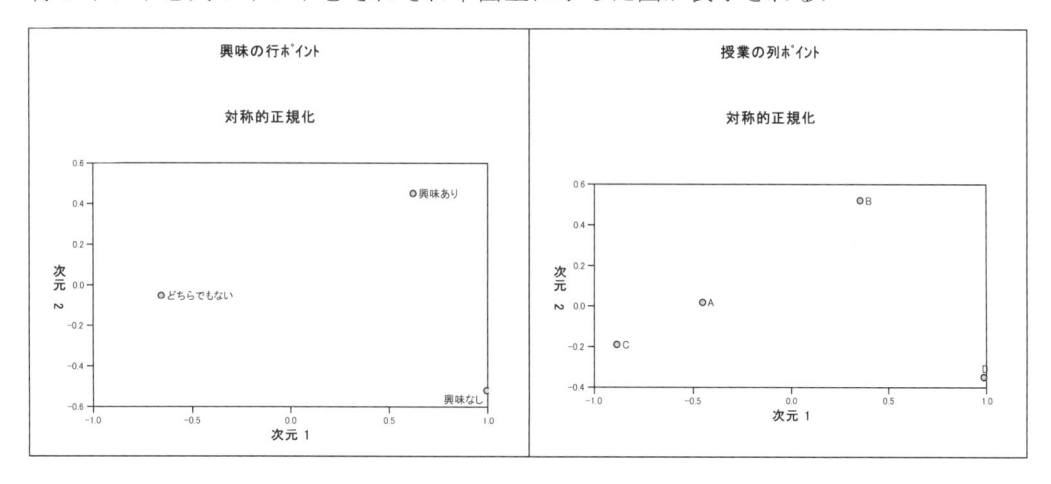

行ポイントと列ポイントを1つの平面上に示した図が出力される（バイプロットという）．

授業Bが**興味あり**の近くに，

授業Dが**興味なし**の近くに，

授業AとCが**どちらでもない**の近くに

位置していることがわかるだろう．

したがって，調査対象となった大学生が

最も興味をもっている授業は，Bであり，

最も興味をもっていない授業は，Dである

ことが推測される．

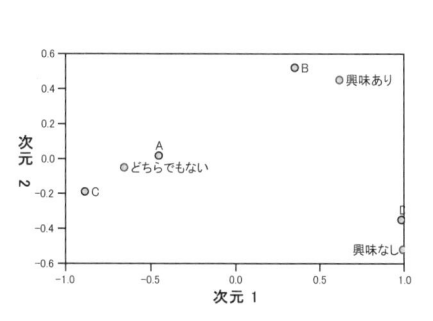

§1　コレスポンデンス分析　231

Section 2 等質性(多重コレスポンデンス)分析

2-1 大学生の酒とタバコと交通事故の関連性

2つ以上の質的データの関係を分析したい時には，**等質性分析（多重コレスポンデンス分析）**を用いる．

大学生20名に対して，「過去1年間に交通事故に遭いそうになった経験があるか」「過去1年間に周囲の人から注意されたことがあるか」「この1週間に酒を飲んだか」「普段喫煙しているか」を「はい」「いいえ」のどちらかで回答するように求めた．データは以下の通りである．なお，「はい」を2，「いいえ」を1で数値化している．

NO	事故	注意	飲酒	喫煙
1	2	2	1	1
2	2	1	1	1
3	2	2	2	1
4	1	1	1	1
5	1	1	1	1
6	1	2	2	2
7	2	1	2	2
8	2	2	1	1
9	2	2	1	1
10	1	1	2	2
11	1	1	2	1
12	1	1	1	2
13	1	1	1	1
14	1	1	1	1
15	1	1	2	1
16	1	1	1	1
17	2	1	2	2
18	2	2	2	1
19	2	2	1	1
20	1	2	1	1

■ データの型の指定と入力

- SPSS データエディタの［変数ビュー］を開く．
  - 1番目の変数名を NO，2番目の変数名を**事故**，3番目の変数名を**注意**，4番目の変数名を**飲酒**，5番目の変数名を**喫煙**とする．
  - **事故**の値ラベルとして，1を**事故なし**，2を**事故あり** と指定．
  - **注意**の値ラベルとして，1を**注意なし**，2を**注意あり** と指定．
  - **飲酒**の値ラベルとして，1を**飲酒なし**，2を**飲酒あり** と指定．
  - **喫煙**の値ラベルとして，1を**喫煙なし**，2を**喫煙あり** と指定．
- ［データビュー］を開き，データを入力する．

■ 等質性分析の実行

- ［分析(A)］メニュー ⇒ ［データの分解(D)］ ⇒ ［最適尺度法(O)］ を選択．
  - ［最適尺度水準］に［全ての変数が多重名義(A)］，［変数グループの数］に［単一グループ(O)］を指定，定義 をクリック．
- ［変数(B):］の枠内に，事故，注意，飲酒，喫煙 を指定する．
  - すべての変数を選択し，範囲の定義(D) をクリック．
  - ［最大(A)］に 2 と入力し，続行 をクリック．
- ［オブジェクトスコア プロットのラベル(L)］に，NO を指定する．
  - 範囲の定義(F) をクリック．
  - ［最大(A)］に，20 と入力し，続行 をクリック．
- OK をクリック．

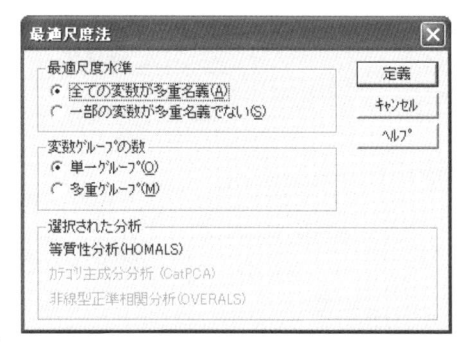

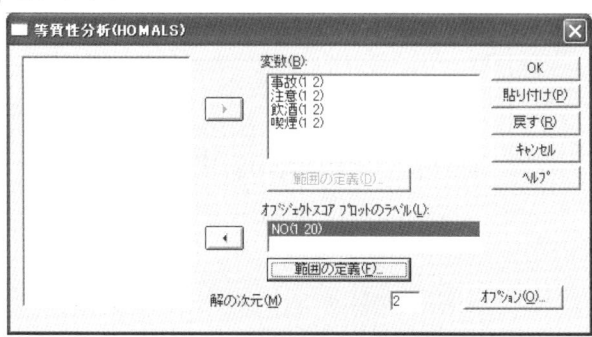

§2 等質性（多重コレスポンデンス）分析

■出力の見方

　まず，各変数の度数や反復の記述，固有値などが出力される．次に，各変数の**数量化の結果**が出力される（右図）．

　２つの次元の数値によって，各変数を平面上に図示することができる．

　２つの次元の数値に基づいて平面上に各変数をプロットした図が出力される．**事故になりそうな経験**と**注意された経験**が左上に，**飲酒**と**喫煙**が右上にまとまっている様子がわかる．

[数量化の散布図]

数量化

事故

	周辺度数	カテゴリ数量化 次元 1	次元 2
事故なし	11	.525	-.587
事故あり	9	-.642	.717
欠損値	0		

注意

	周辺度数	カテゴリ数量化 次元 1	次元 2
注意なし	12	.609	-.363
注意あり	8	-.914	.545
欠損値	0		

飲酒

	周辺度数	カテゴリ数量化 次元 1	次元 2
飲酒なし	12	-.406	-.583
飲酒あり	8	.608	.874
欠損値	0		

喫煙

	周辺度数	カテゴリ数量化 次元 1	次元 2
喫煙なし	15	-.405	-.292
喫煙あり	5	1.215	.875
欠損値	0		

また，各個人がどのような位置にあるかを示す図が出力される．

NOによりラベル付けされたオブジェクトスコア

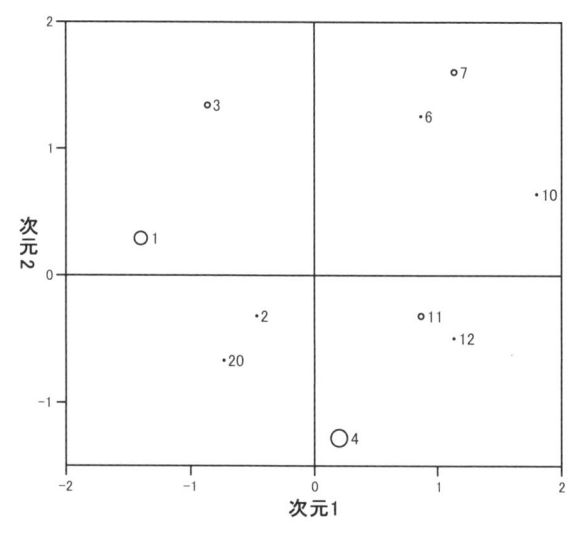

オブジェクト数により重み付けされたケース

等質性分析の ［オプション(O)］ で［表示］の［オブジェクトスコア(O)］にチェックを入れると，各個人の次元1と次元2に対応する数値が出力される．また，［オブジェクトスコアの保存(V)］にチェックを入れると，データにその数値が出力されるので，後の分析に利用することができる．

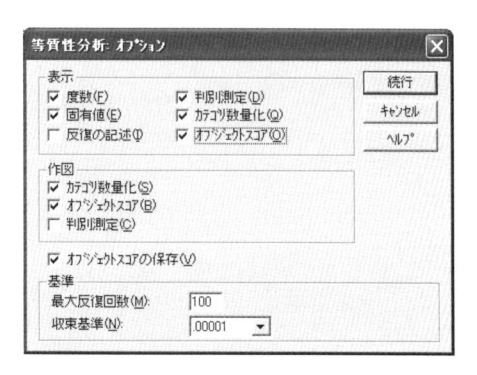

§2　等質性（多重コレスポンデンス）分析

第11章 演習問題

10代から50代の男女に，興味のある音楽ジャンルに関するアンケートを実施し，以下のようなデータを得た．音楽の興味に関しては，1.ポップス，2.ヒップホップ，3.演歌，4.クラシックから1つを選択する方式で回答を求めた（年代は，1が10代，2が20代，3が30代，4が40代，5が50代，人数はそれぞれの興味，年代ごとの人数）．このデータをコレスポンデンス分析にかけ，音楽ジャンルの興味と年代との関係を明らかにしなさい． (解答は，p.237)

注意：データの入力後に，［データ(D)］⇒［ケースの重み付け(W)］を忘れないように．

興味	年代	人数
1	1	30
1	2	13
1	3	8
1	4	10
1	5	3
2	1	29
2	2	18
2	3	10
2	4	5
2	5	4
3	1	2
3	2	5
3	3	6
3	4	8
3	5	13
4	1	6
4	2	2
4	3	12
4	4	10
4	5	12

［第10章　演習問題（1）（p.225)解答例］

　Ward法によるクラスタ分析（階層クラスタ分析）を行い，デンドログラムからケースを3つのグループに分類することにした．3つのグループを独立変数，抑うつ性と攻撃性を従属変数とした1要因の分散分析を行ったところ，抑うつ性（$F(2,17)=33.59$, $p<.001$），攻撃性（$F(2,17)=6.69$, $p<.01$）ともにグループ間の差が有意であった．Tukey法による多重比較を行ったところ，抑うつ性については3＝2＞1，攻撃性については1＝3＞2という得点差になった．したがって，第1グループは抑うつ性が低く攻撃性が高い，第2グループは抑うつ性が高く攻撃性が低い，第3グループは抑うつ性，攻撃性がともに高いという特徴をもつといえる．

［第10章　演習問題（2）（p.226)解答］

　グループ重心の関数は，病気ありが1.328，なしが－1.328である．標準化された正準判別係数を見ると，検査Aは.409，検査Bは1.065であるため，検査Bの影響力が強く，検査Bの方が診断に有効であると考えられる．

［第11章　演習問題(p.236)解答］

　コレスポンデンス分析によって表示されるバイプロット（行ポイントと列ポイント）は，右図のようになる．

　ポップスは10代の近くに，ヒップホップは10代と20代の間に，クラシックは30代と40代の近くに，演歌は50代の近くにあることがわかる．

行ポイントと列ポイント

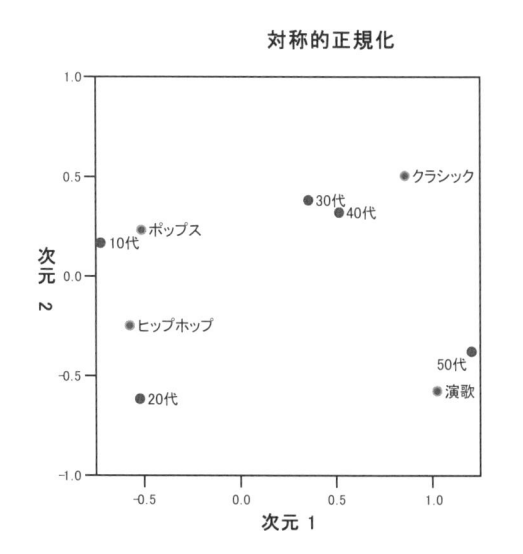

対称的正規化

あとがき

　SPSS や Amos はメニューを選択するだけで簡単にデータ解析ができる優れたソフトウエアである．しかし，それを十分に使いこなすためには，基本的な統計的知識が不可欠であり，どのようなデータがどのような分析に対応するのかを知っておく必要があるだろう．

　本書では，さまざまな分析手法を実行する手順とともに，その分析がどのようなデータに適用できるのか，結果として何が得られるのか，また分析の前提として知っておいてほしいことについてもできるだけ記述するように心がけた．ただし，本書で取り上げた統計的な知識は必要最低限のものである．最後に，本書を執筆する際に参考とした図書をあげておく．より知識を深めるためにも，多くの著書を手に取ってほしい．

　私自身，調査的な手法を用いて心理学の研究を行っているため，本書の内容も私が研究で頻繁に使用するデータ解析，特に量的なデータを用いた解析手法が中心となっている．したがって，カテゴリカルなデータ解析を学ぼうとする読者には，少し物足りなく感じるかもしれない．その点は，他のテキストで補ってもらえれば幸いである．

　最後に，私の Web サイトをご覧いただき，本書の執筆を薦めていただいた，東京図書の則松直樹氏，須藤静雄編集部長に心から感謝を申し上げます．

2004 年 2 月

小塩真司

[参考文献]

統計全般（特に心理統計学）を学ぶために……
- [1] 遠藤健治　2002『例題からわかる心理統計学』培風館
- [2] 南風原朝和　2002『心理統計学の基礎』有斐閣
- [3] 服部環・海保博之　1996『Q&A 心理データ解析』福村出版
- [4] 岩淵千明（編著）1997『あなたもできるデータの処理と解析』福村出版
- [5] 海保博之（編著）1985『心理・教育データの解析法 10 講　基礎編』福村出版
- [6] 海保博之（編著）1986『心理・教育データの解析法 10 講　応用編』福村出版
- [7] 繁桝算男・柳井晴夫・森敏昭（編著）　1999『Q&A で知る　統計データ解析』サイエンス社
- [8] 住田幸次郎　1988『初歩の心理・教育統計法』ナカニシヤ出版

SPSS の基礎を学ぶために……
- [9] 馬場浩也　2002『SPSS で学ぶ統計分析入門』東洋経済新報社
- [10] 室淳子・石村貞夫　2002『SPSS でやさしく学ぶ統計解析［第 2 版］』東京図書

[11] 内田治・牧野泰江・他　2002『すぐに使えるSPSSによるデータ処理Q&A』東京図書

分散分析を理解するために……

[12] 後藤宗理・大野木裕明・中澤潤（編著）　2000『心理学マニュアル　要因計画法』北大路書房
[13] 森敏昭・吉田寿夫（編著）　1990『心理学のためのデータ解析テクニカルブック』北大路書房
[14] 豊田秀樹　1994『違いを見ぬく統計学　実験計画と分散分析入門』講談社

分散分析をSPSSで実行するために……

[15] 石村貞夫　2002『SPSSによる分散分析と多重比較の手順[第2版]』東京図書

多変量解析を理解するために……

[16] 山際勇一郎・田中敏　1997『ユーザのための心理データの多変量解析法』教育出版

因子分析を理解するために……

[17] 松尾太加志・中村知靖　2002『誰も教えてくれなかった因子分析』北大路書房

SPSSで多変量解析を実行するために……

[18] 石村貞夫　2001『SPSSによる多変量データ解析の手順[第2版]』東京図書
[19] 内田治　2003『すぐわかるSPSSによるアンケートの多変量解析』東京図書

共分散構造分析を理解するために……

[20] 豊田秀樹（編）　1998『共分散構造分析<事例編>』北大路書房
[21] 豊田秀樹　1998『共分散構造分析<入門編>』朝倉書店
[22] 豊田秀樹　2000『共分散構造分析<応用編>』朝倉書店
[23] 豊田秀樹（編著）　2003『共分散構造分析<技術編>』朝倉書店
[24] 豊田秀樹（編著）　2003『共分散構造分析<疑問編>』朝倉書店
[25] 豊田秀樹・前田忠彦・柳井晴夫　1992『原因をさぐる統計学　共分散構造分析入門』講談社

共分散構造分析をAmosで実行するために……

[26] 狩野裕・三浦麻子　2002『AMOS, EQS, CALISによるグラフィカル多変量解析』現代数学社
[27] 田部井明美　2001『SPSS完全活用法―共分散構造分析(Amos)によるアンケート処理』東京図書
[28] 山本嘉一郎・小野寺孝義（編著）2002『Amosによる共分散構造分析と解析事例』ナカニシヤ出版
[29] 涌井良幸・涌井貞美　2003『図解でわかる共分散構造分析』日本実業出版社

その他，データや図で引用した文献

[30] 麻生・大脇・川口・神崎・新谷・杉原・橘・田村・中原・盛　2003「信頼感尺度とケンカに対する捉え方の関係」基礎実習B（調査法）最終レポート（中部大学）
[31] 伊藤・北浦・木野瀬・戸田・畑中・本田・本間・牧野・松浦・渡辺　2003「友人関係欲求と携帯電話によって起こる反応行動の関連について」　基礎実習B（調査法）最終レポート（中部大学）
[32] 中谷素之　2002「児童の社会的責任目標と友人関係，学業達成の関連―友人関係を媒介とした動機づけプロセスの検討」『性格心理学研究』, 10, 110-111.
[33] 小塩真司　1999「高校生における自己愛傾向と友人関係のあり方との関連」『性格心理学研究』, 8, 1-11.
[34] 桜井茂男　1997『現代に生きる若者たちの心理：嗜癖・性格・動機づけ』風間書房

事項索引

欧字

Adjusted Goodness of Fit Index (AGFI)	180
Advanced Models	67, 81
Akaike's Information Criterion (AIC)	180
Alpha if Item Deleted	146
Amos	165, 168
Amos Graphics	168
ANCOVA	42
ANOVA	42, 49
Aptitude-Treatment Interaction (ATI)	79
Bonferroniの方法	69
Corrected Item-Total Correlation	146
Correlation Matrix	146
Covariances	198
Cronbachのアルファ	146
Duncan法	62
Dunnett法	62
Dunn法	62
Fisher's exact test	48
F検定	42
Goodness of Fit Index (GFI)	180
Greenhouse-Geisser	83
Huynh-Feldt	83
interaction	70
Item-total Statistics	146
LSD法	62
main effect	70
MANOVA	42
Mauchlyの球面性検定	68
Name Parameters	198
$r \times k$ の χ^2 検定	42
R^2	173, 182
Regression weights	198
Root Mean square Residual (RMR)	180
Ryan法	62
SPSS Categories	228
Statistics for Scale	147
TukeyのHSD法	62, 65
Tukey法	62, 65
t検定	42, 49, 62, 150, 181
t統計量	50
t分布	42
Variance Inflation Factor (VIF)	97, 102
Welchの方法	50
Wilksのラムダ	223
YGPI検査	39, 125
YG性格検査	39, 125
α係数	143
α係数の算出	145
α係数の出力	146
ϕ係数	31
χ^2検定	42, 45, 46, 180
χ^2分布	42

ア

赤池情報量基準	180
値ラベル	15
一元配置の分散分析	59
1次の交互作用	86
1要因	58
1要因の分散分析	59, 63
1要因の分散分析（反復測定）	67
1要因の分散分析（被験者間計画）	64
1要因の分散分析（被験者内計画）	66
一致係数	31
1％水準	7
イナーシャの寄与率	230
因果関係	30, 90, 93, 94, 101, 160
因果モデル	165, 181
因子	106
因子間相関	121, 122, 131
因子間に相関を仮定	205
因子寄与	112, 114
因子数	129, 131, 136, 137
因子数の決定	136
因子抽出後	138
因子抽出法	131
因子得点	148
因子の解釈	142
因子の抽出方法	109
因子パターンに示された負荷量	122
因子負荷量	114, 131
因子分析	90, 102, 106, 109, 119, 128, 163
因子分析結果のTable	114, 122
因子分析の回転方法	110
因子分析表	114, 131
因子名	131
因子を命名する	142
ウェルチの方法	50

エントロピー		21
重み付け		152

■カ■

回帰式全体の有意性の検定		97
回帰分析		94
カイ2乗値		46
解釈可能性		130
下位尺度得点		148
外生変数		161, 162, 163
階層的重回帰分析のパス図		202
外的基準		5
回転後の因子行列		113
回転後の因子負荷量		113, 121
回転後の負荷量平方和		112
回転法		131
回転前の因子負荷量		113, 120
カウンターバランス		59
確認的因子分析		206, 208
確認的因子分析（斜交回転）のパス図		206
仮説		5, 6
カテゴリー別に相関係数を算出する		36
カテゴリ変数		15
間隔尺度		2, 16
間接効果		174
観測変数		161, 162, 163
危険率		8
疑似相関		32, 101
基準変数		5, 90
期待度数		48
帰無仮説		7
逆転項目		143, 144
球面性検定		83
球面性の検定		68

共通因子		106, 111, 163
共通性		111, 114, 119, 138, 154
共分散構造分析		160, 164, 165, 166, 175, 184, 201, 202
共分散分析		42
共変関係		160
行ポイント		230
曲線相関		28
ギリシア文字		163
組み合わせの効果		71
クラスタ分析		90, 212, 213, 216
グラフィック出力		196
くり返しのある分散分析		42
グループ間		65
グループ重心の関数		224
グループ統計量		52
グループ内		65
グループの設定		194
グループの特徴を探る		218
グループ別のヒストグラム		20
クロス表		26
計画比較		62
係数を1に固定		171
ケースを分類する		217
欠損値		16, 214
検証的因子分析		206
ケンドールの順位相関係数		31, 34
合計得点		18
交互作用		70, 74, 79, 85
交互作用の分析		75
交差確認済み		224
交差妥当化の結果		224
高次因子分析		207
合成得点		152, 153, 155
合成変数		151
構造行列		121

構造変数		161, 163
構造方程式		163, 164, 176
構造方程式のパス		179
項目が削除された場合のCronbachのアルファ		146, 147
項目間の相関行列		146
項目合計統計量		146
項目の選定		138
項目平均値		148
コクラン検定		42
コクランのQ検定		42
誤差変数		161, 162, 178
5％水準		7
固有値		112, 120, 129, 154, 223
コレスポンデンス分析		90, 228, 229
混合計画		80

■サ■

最頻値		21, 23
三元配置の分散分析		61
残差平方平均平方根		180
算術平均		21
3水準		58, 73
散布図		27, 28
散布度		21, 22
サンプル		6
3要因		58
3要因の分散分析		61, 85
次元の得点		230
事後比較		62
実験計画		5
質的データ		3
四分位偏差		21
四分相関係数		31
尺度作成		128, 132
尺度水準		2, 90

事項索引 241

尺度水準の指定	16	推定値を計算	195	● タ		
尺度の信頼性の検討	143	数量化Ⅰ類	90	第1種の誤り		8
尺度の統計量	147	数量化Ⅱ類	90	第1種の過誤		8
斜交回転	110, 117, 121, 123, 124	数量化Ⅲ類	90	対応のある t 検定	42, 49, 53, 54	
斜交回転による確認的因子分析		数量化の結果	234	対応のある χ^2 検定		42
	208	数量化の散布図	234	対応のない t 検定		49, 51
重回帰分析	90, 94, 95,	スクリープロット	129, 137	対応分析		90, 228
96, 101, 160, 192, 201, 202, 208		スピアマンの順位相関係数	31, 34	第2種の誤り		8
重回帰分析のパス図	200	正規分布	42	第2種の過誤		8
重決定係数		正規分布曲線	20	代表値		21, 22
95, 97, 98, 100, 173, 182		正準相関係数	223	対立仮説		7
修正済み項目合計相関	146	正の相関関係	28	多重共線性		101
修正適合度指標	180	成分行列	154	多重コレスポンデンス分析		
重相関係数	31, 97	説明変数	5, 90		228, 232	
重相関係数の平方	173, 182	先験的比較	62	多重比較	42, 62, 65, 73, 74, 85, 86	
従属変数	5, 58, 90	潜在的な変数	106	多変量回帰分析		201
自由度	46	潜在変数	161, 162, 163	多変量回帰分析のパス図		201
自由度調整済みの R^2	97	潜在変数間の因果関係	175, 208	多変量解析		5, 90, 93
周辺度数	26, 46, 48	潜在変数間の因果関係のパス図		多変量分散分析		42
主効果	70, 86		208	多母集団の同時分析		192
主効果の比較	69	潜在変数を仮定しないモデル	166	単回帰分析		94
樹状図	215	全体の平方和	65	探索的因子分析		206
主成分得点	155	尖度	21	探索的因子分析（斜交回転）の		
主成分分析	102, 151, 153	相関	28	パス図		205
主成分分析のパス図	203	相関関係	160, 208	探索的因子分析（直交回転）の		
順位相関係数	30, 34	相関行列	111	パス図		204
順序尺度	2, 16, 34	相関係数	28, 29, 100, 160	探索的な手法		202
上位群だけの相関	37	相関のパス図	199	単純交互作用		85
小数桁数	14	相関の有意性検定	29	単純主効果		86
情報量基準	180	相関比	31	単純主効果の検定		
初期解の因子負荷量	120	相関分析	42		70, 75, 77, 79, 86	
初期の固有値	136	相互相関	97, 100	単純・単純主効果の検定		85
シンタックス	76	双方向の因果関係	184	中央値		21, 23
信頼性統計量	146	双列相関係数	31	調整変数		102
水準	58	測定方程式	163, 176	直接確率計算法		48
推定周辺平均のグラフ	84			直接効果		174

直交回転	108, 110, 115
ツリーダイアグラム	212, 215
定性相関係数	31
定性データ	3
定量データ	3
データエディタ	10
データの重み付け	229
データの入力	17
データビュー	11
データを読み込む	12
適合度	165
適合度指標	180
テキスト出力	196
適性処遇交互作用	79
天井効果	129, 135
点相関係数	31
点双列相関係数	31
デンドログラム	212, 215
統計的検定	6
統計的な指標	21
等質性分析	228, 232, 233
統制変数	5
等分散性の検定	52
特異値	230
独自因子	106, 107, 163
独自性	111
独立係数	31
独立変数	5, 58, 90

●ナ●

内生変数	161, 162, 163
内的整合性	143
$2 \times k$ の χ^2 検定	42
2×2 の χ^2 検定	42
二元配置の分散分析	60
二次因子	207

2次の交互作用	85
2水準	58, 73
2変量の χ^2 検定	47
2要因	58
2要因混合計画の分散分析	81
2要因の分散分析	60, 70, 72, 80
2要因の分散分析（ともに被験者間要因）	73
ノンパラメトリック検定法	45

●ハ●

バイプロット	231
バートレット検定	42
パス・ダイアグラム	160
パス解析	160
パス係数	160
パス図	98, 160, 162, 165, 199
パスに任意の名前を付ける	198
外れ値	30
パターン行列	121, 139
幅	14
パラメータの制約	171
バリマックス回転	109, 115
バリマックス回転後の因子負荷量	116
範囲	21, 23
反応カテゴリー	26
判別関数	220
判別的中率	221, 224
判別分析	90, 220, 222
ピアソンの積率相関係数	30, 31, 33
被験者間因子	74
被験者間計画	63
被験者間効果の検定	74
被験者間要因	59, 80

被験者内要因	59, 80
ヒストグラム	19
1つの指標による分類	213
非標準化推定値	172
標準化された正準判別係数	224
標準化されたパス係数	173
標準化していない回帰係数	97
標準化推定値	173
標準化判別関数	221
標準得点	32, 212
標準偏回帰係数	95, 97, 98, 100, 160, 201
標本	6
比率尺度	2
比率の検定	42
比例尺度	2
フィッシャーの直接法	48
負の相関関係	28
負の負荷量	143
フロア効果	129, 135
プロット	27
プロマックス回転	119, 124
分割表	26
分散	21
分散分析	42, 49, 58, 218
分散分析のデザイン	59
分散分析表	65
分布	19
分布の形状	21
平均情報量	21
平均値間の差の検定	69
変数間の相関（共変）関係	160
変数の設定	13
変数ビュー	11, 13
変数を囲まないパス図	164
偏相関係数	

	31, 32, 35, 160, 199, 201	モデルの改良	182, 189	**■ラ■**	
偏相関のパス図	199	モデルの評価	180	ラベル	14
母集団	6	モデルの部分評価	180, 181	ランダム	6
母分散	50	モデルを複数つくる	198	ランダムサンプリング	6
				離散変量	4
■マ■		**■ヤ■**		量的データ	3, 106
3つ以上の平均値の相違	58	矢印	160	累積寄与率	112, 114, 136
ミュラー・リヤーの錯視実験	66	有意傾向	7	0.1%水準	7
無相関	28	有意水準	6, 7, 8, 160, 173	列ポイント	231
無相関検定	29	床効果	129	レンジ	21
名義尺度	2, 16	要因	58	連続変量	4
メディアン	21	要因配置	58		
モード	21	抑制変数	102	**■ワ■**	
目的変数	5, 90	予測・整理のパターン	91	ワークシート	10
モデル全体の評価	180	予測変数	5	歪度	21

SPSS 操作設定項目索引

■英字■		**■ア■**		因子 (F)	64, 69, 218
Bonferroni	67, 75, 82	値	13	因子数 (N)	109, 138
Excel データソースを開く	12	値 (L)	149, 150	因子抽出	138
IF 条件が満たされるケース (C)		値 (U)	15	因子抽出 (E)	109, 136, 153
	37	値の再割り当て (R)	145, 149	因子分析 (F)	
Kendall のタウ b (K)	34	値ラベル (E)	15		109, 119, 136, 138, 153
LSD	75	新しい値	149, 150	インタラクティブ (A)	19, 27
Pearson (N)	33	アルファ	145	オブジェクトスコア (O)	235
Sidak	75	一元配置分散分析 (D)	218	オブジェクトスコアの保存(V)	235
Spearman (S)	34	一元配置分散分析 (O)	64	オブジェクトスコア プロット	
SPSS ビューア	20	1変量	75	のラベル (L)	233
Tukey (T)	64, 73, 218	1変量 (U)	73, 75	オプション (O)	64, 67,
Ward Method	218	一般線型モデル (G)	67, 73, 75, 81	69, 75, 82, 83, 110, 138, 218, 235	
Ward 法	217	今までの値と新しい値 (O)		重み付けのない最小二乗法	109
			145, 149		

カ

カイ2乗 (C)	46
カイ2乗 (H)	48
回帰 (R)	96
回帰法 (R)	153
階層クラスタ (H)	213, 216, 217
回転	138
回転 (T)	110, 119
回転のない因子解 (F)	153
型	13, 14
カッパ (K)	119
から最大値	150
記述統計 (D)	22, 110, 135
記述統計 (E)	22, 23, 48, 135
記述統計 (K)	67
記述統計量 (D)	64, 96, 218
行 (O)	48
行 (W)	229
共線性の診断 (L)	96, 102
行ポイント (O)	230
区間サイズ	20
区間サイズの自動設定 (S)	20
クラスタ化の方法 (M)	214, 217
クラスタ対象	213, 216
グラフ (G)	19, 27
グループ化変数 (G)	51, 222
グループごとの分析 (O)	36, 193
クロス集計表 (C)	48
計算 (C)	18, 144, 148
係数 (C)	110, 111
係数の表示書式	138
ケース (E)	213, 216
ケースの重み付け (W)	229
ケースの選択	37
ケースの選択 (C)	37
ケースの選択：IF 条件の定義	37
ケースの要約 (M)	23
ケースのラベル (C)	213, 216
欠損値	13
検定変数 (T)	51
検定変数リスト (T)	46
交差妥当化 (V)	223
項目 (I)	145
項目間	145
項目を削除したときの尺度 (A)	145
固定因子 (F)	73, 75
コレスポンデンス分析 (C)	229

サ

最近隣法	214
最小 (I)	222
最小値 (M)	229
最小値 (N)	22
最小値から	149
最小の固有値 (E)	109, 153
サイズによる並び替え (S)	110, 138
最大 (A)	222, 233
最大値 (A)	229
最大値 (X)	22
最適尺度水準	233
最適尺度法 (O)	233
最尤法	109
作図 (O)	213, 216, 229
作図 (T)	67, 69, 82, 84
散布図 (S)	27
実行 (R)	76
尺度 (D)	145
尺度 (S)	145
主因子法	109, 136, 138
従属変数 (D)	73, 75, 96
従属変数リスト (E)	64, 218
主効果の比較 (C)	75
主効果の比較 (O)	67, 82
主成分分析	153
順序	16
小数桁数	13
小数桁数 (P)	14
所属クラスタ	218
シンタックス	76
信頼区間の調整 (N)	67, 75, 82
信頼性分析 (F)	145
水準数 (L)	67, 81
数式 (E)	18, 144, 148
数値 (N)	14
数値型変数->出力変数 (V)	149
スクリープロット (S)	109, 136
スケール	16
すべて (A)	76
全てのケース (A)	38
全てのケースを分析 (A)	36
全ての変数が多重名義 (A)	233
正規曲線 (C)	20
制御変数 (C)	35
線型 (L)	96
尖度 (K)	22
線の定義変数 (S)	82
相関 (C)	33, 34, 35, 193
相関行列	110, 111
相関行列 (L)	145
相関行列 (R)	109
測定	13
その後の検定 (H)	64, 73, 82, 218
その後の検定 (P)	73

タ

対応のあるサンプルのT検定 (P)	54

他の変数へ (D)	145, 149
単一グループ (O)	233
単一の解 (S)	218
抽出の基準	109, 138, 153
定義 (F)	67
データ (A)	12
データ (D)	36, 37, 193, 229
データの最初の行から変数名を読み込む	12
データの分解 (D)	109, 119, 136, 138, 153, 229, 233
テキストデータの読み込み (R)	12
デンドログラム (D)	213, 217
統計 (S)	23, 96, 145
得点 (S)	153
独立したサンプルのT検定 (T)	51
独立変数 (I)	96, 223
度数分布表 (F)	23
度数変数 (F)	229

■ナ■

名前	13
2変量 (B)	33, 34, 193
ノンパラメトリック検定 (N)	46

■ハ■

バイプロット (B)	230
配列	13
パネル変数	20
幅	13
幅 (W)	14
貼り付け (P)	76
バリマックス (V)	110
範囲 (E)	150
範囲 (G)	149
範囲の定義 (D)	222, 229, 233
範囲の定義 (F)	229, 233
反復測定	81
反復測定 (R)	67, 81
反復測定の因子の定義	81
判別分析 (H)	222
被験者間因子 (B)	81
被験者内因子名 (W)	67, 81
被験者内変数 (W)	67, 81
ヒストグラム (I)	19
ヒストグラムの作成	19, 20
表示	223, 235
標準偏差 (T)	22
開く (O)	12
ファイル (F)	12
ファイルの種類 (T)	12
ファイルの分割 (F)	36, 193
プロマックス (P)	119, 138
分析 (A)	22
分析から除外 (F)	38
分類 (C)	223
分類 (Y)	213, 216, 217, 222
平均値 (M)	22
平均値の表示 (M)	67, 75, 82
平均値のプロット (M)	64, 218
平均の比較 (M)	51, 54, 64, 218
変換 (T)	18, 144, 145, 148, 149
変換先変数	149
変数 (B)	233
変数 (V)	35, 109, 135, 136, 138, 153, 193, 213, 216, 217
変数グループの数	233
変数として保存 (S)	153
変数の型	14
変数の定義	19, 20
偏相関 (R)	35
報告書 (P)	23
方法	153
方法 (M)	109, 136, 138, 153, 214, 217
保存 (A)	217

■マ■

名義	16
目標変数 (T)	18, 144, 148
文字型 (R)	14
モデル (M)	145

■ヤ■

有意差検定	33
有意水準 (S)	110, 111
有意な相関係数に星印をつける (F)	33
横軸 (H)	69, 82

■ラ■

ラベル	13
リストごとに除外 (L)	33
両側 (T)	33
列	13
列 (C)	48, 229
列ポイント (M)	230

■ワ■

歪度(W)	22

Amos 操作設定項目索引

■英字

AGFI	181, 183, 189
AIC	181
Convariances	198
GFI	181, 183, 189
RMR	181, 183
Name Parameters	198
Regression weights	198

■ア

1対のパラメータの比較	197
インターフェイスのプロパティ (I)	177
オブジェクトのプロパティ (O)	169, 170, 171
オブジェクトを移動	177, 178
オブジェクトをコピー	178
オブジェクトを消去	177, 182
オブジェクトを一つずつ選択	178

■カ

カイ2乗	181, 183, 189
間接，直接，または総合効果 (E)	174
観測される変数を描く	169
観測される変数を描く (O)	169
既存の変数に固有の変数を追加	178
共分散	182
グラフィック出力	172
グループ化変数 (G)	195
グループ管理 (G)	194
グループ値 (V)	195
グループ名 (G)	194
係数 (R)	171

■サ

最小化履歴 (H)	171, 179, 188
差に対する検定統計量 (D)	195
重相関係数の平方	182
重相関係数の平方 (Q)	171, 179, 188, 195
出力	171, 174, 179, 188
出力パス図の表示	172, 196
図 (D)	169, 170
推定値を計算	172, 179, 182, 188, 195
推定値を計算 (C)	175, 179, 183, 188
全オブジェクトの選択	178
全オブジェクトの選択解除	178
潜在変数の指標変数を回転	177
潜在変数の指標変数を反転	178
潜在変数を描く，あるいは潜在変数を指標変数に追加	177
相関係数	182

■タ

直接観測されない変数を描く	169
直接観測されない変数を描く (U)	169
ツール (T)	198
データセット内に含まれる変数 (D)	170
データセット内の変数を一覧	170, 179
データファイルを選択	195
テキスト出力	172
テキスト出力の表示	172, 173, 181, 196
テキスト出力の表示 (X)	172, 181, 196

■ハ

パス図を描く (P)	170
パス図を描く (一方向矢印)	170
パラメータ	171
パラメータ間の差に対する検定統計量	197
パラメータ推定値	173, 181, 189, 196
パラメータ制約 (P)	198
非標準化推定値	172
表示 (V)	171, 172, 174, 177, 181, 196
標準化推定値	172, 188, 196
標準化推定値 (T)	171, 179, 188, 195
分析のプロパティ	171, 179, 188, 195
分析のプロパティ (A)	171, 174, 179, 188
分析を行う (P)	183
ページレイアウト	177
変数名 (N)	169
方向	177

■マ

マクロ (A)	198
文字	169
モデル適合	181, 183, 189
モデル適合度 (M)	172, 179, 183, 188, 194, 198
モデルについての注釈	181, 183, 189
モデルを管理 (A)	198

■ワ

横方向 (L)	17

■著者紹介

小塩　真司（おしお　あつし）

　1995 年　　名古屋大学教育学部教育心理学科　卒業
　1997 年　　名古屋大学大学院教育学研究科博士課程前期課程　修了
　2000 年　　名古屋大学大学院教育学研究科博士課程後期課程　修了
　　　　　　博士（教育心理学）（名古屋大学）　学位取得
　2001 年 10 月　　中部大学人文学部　講師
　2003 年より現在　中部大学人文学部心理学科　准教授（2007 年から名称変更）

　著書『自己愛の青年心理学』（ナカニシヤ出版，2004）
　　　『研究事例で学ぶ SPSS と Amos による心理・調査データ解析』（東京図書，2005）
　　　『実践形式で学ぶ SPSS と Amos による心理・調査データ解析』（東京図書，2007）
　　　『あなたとわたしはどう違う？パーソナリティ心理学入門講義』（共著，ナカニシヤ出版，2007）

　小塩研究室の Web サイト：http://psy.isc.chubu.ac.jp/~oshiolab/
　講義「心理データ解析A」Web サイト：
　http://psy.isc.chubu.ac.jp/~oshiolab/teaching_folder/datakaiseki_folder/top_kaiseki.html

◎装丁（カバー・表紙）　　高橋　敦

SPSSとAmosによる心理・調査データ解析
── 因子分析・共分散構造分析まで

2004 年　5 月 25 日　　第 1 刷発行
2008 年　6 月 10 日　　第 9 刷発行

© Atsushi OSHIO, 2004
Printed in Japan

著者　小塩　真司

発行所　東京図書株式会社

〒102-0072　東京都千代田区飯田橋 3-11-19
振替 00140-4-13803　電話 03(3288)9461
URL http://www.tokyo-tosho.co.jp

ISBN 978-4-489-00675-3